図説 日本の湖

森 和紀・佐藤芳徳 [著]

朝倉書店

はじめに

　本書『図説 日本の湖』は，日本の湖沼誌として上梓された書であり，合わせて水文学的視点に立つ湖沼科学としての内容を兼ね備えることを意図し編纂した．大別して第Ⅰ部と第Ⅱ部より構成され，見開きの形で左ページに文章を，右ページに関連する図表と写真をおもに配し，理解の助けとなるよう心がけた．

　第Ⅰ部では，湖の科学的な見方と水資源・水環境としての湖の位置づけ，湖面の下で繰り広げられる特有な世界と諸現象相互の関連について，具体的な観測事例に基づき解説した．いわば，湖沼学の基礎となる事項を中心に述べた部分である．湖で起きている理化学的・生態学的な事象の変化を解き明かすことは，単に湖沼環境の改善と保全に向けた方策を具体化する基礎資料としてのみならず，変貌する地球環境の応答の場でもある湖の実態を把握する上で，重要な今日的課題といえるであろう．第Ⅱ部では，北海道から九州までの代表的な湖沼（群）の中から，面積・最大水深が比較的小さな湖であっても水文学的に重要な湖を取り上げ，個々の湖の特色，人間生活とのかかわりなどを中心に記述するとともに，湖盆図，地勢図，水温・水質の垂直分布，写真を併記して紹介した．身近な湖，訪れたことのある湖，いつか立ち寄ってみたい湖の姿をより深く知るための助けとなるよう説明したが，文中で使用されている語句などの意味がわかりにくい場合には，第Ⅰ部に戻って参照していただきたい．巻末の付表には，日本のおもな湖の位置と湖盆形態の一覧をまとめ，読者の便に供した．

　朝倉書店『図説 日本の植生』に続いて『図説 日本の湖』を出版する提案が編集部から著者の一人である森にあり，かねがね抱いていた湖沼学の書としての構想もあったことから引き受けることとした．については，池田湖の共同研究をはじめ，長年にわたり湖の調査を共に続けてきた佐藤を共著者に，2名で執筆する企画を立案した．第Ⅰ部，および第Ⅱ部の図・写真を森が，第Ⅱ部の本文を佐藤がそれぞれ担当した．日本の湖を多数の著者が分担執筆し1冊にまとめた類書の刊行はすでにあるが，本書では，同一著者がとおして著すことにより，記述に統一性を図るよう努めた．なお，"湖沼"とは本来が，自然の営力によって形成された水域を指す語であることから，人工的に築造された貯水池や溜池は本書の対象としていない点を付記する．

　著者ら両名を湖研究の楽しさと厳しさ，湖の科学的な魅力を探る面白さに導いてくださった今は亡き恩師，筑波大学名誉教授の山本荘毅先生に心より感謝の意を捧げます．この書物の出版に際し，第Ⅱ部に掲載した湖盆図・地勢図と水温・水質のグラフ作成には，太田（渡辺）真木氏（日本大学文理学部）に多大な力添えをいただいた．大八木英夫氏（同）には，著者らが持ち合わせていない湖の写真の撮影に協力をいただいた．写真の利用を快く聞き届けてくださった多くの方々と合わせ，ここにお礼を申し上げます．本書の刊行が著しく遅れたのは偏に著者らが責めを

負うべきものであり，編集作業を通じ，適切な示唆と激励を賜った朝倉書店編集部に厚くお礼申し上げる次第です．

　本書が，湖の実態を科学的に理解する手引となり，個性豊かな日本の湖の特色に関心をもつきっかけの一助となれば，著者らの望外の幸いである．

2015年2月

森　　和　紀
佐　藤　芳　徳

【注】
　第Ⅱ部の図版作成に際し利用した文献ならびに基礎資料は下記のとおりである．
　湖盆図：　環境庁自然保護局〔編〕(1995)，建設省国土地理院〔監修〕(1991)，国土地理院発行縮尺25,000分の1地形図．
　水温・水質グラフ：　環境庁自然保護局〔編〕(1995)，落合 (1984)，桜井・渡辺 (1974)，Yoshimura (1938)，および日本大学文理学部地球システム科学科水圏環境科学研究室実習資料 (2001～2012)．
　水質については，電気伝導度もしくは塩化物イオン濃度，pH，溶存酸素（飽和度）を共通項目として表示することを原則としたが，データの揃わない湖では一部を割愛した．いずれも夏季の成層期における測定値に基づき垂直分布をグラフ化したものである．本文中の表記が季節変化を含め平均的に出現する値の範囲を示す記述であることから，数値が若干整合しない場合もある．

第II部 日本の湖沼環境
掲載湖沼一覧

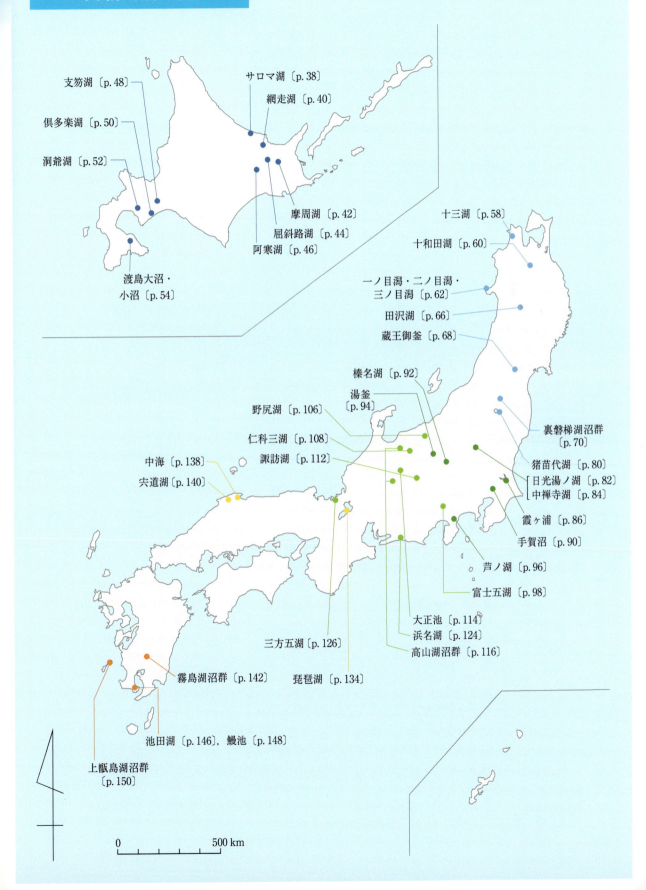

目　次

第Ⅰ部　湖の科学

■第1章　湖の世界
- 1-1　小宇宙から流域水循環へ　　2
- 1-2　日本の湖沼学研究：黎明と展開　　4
- 1-3　地球上の水と湖水の存在量　　6
- 1-4　日本の湖の特色　　8
- 1-5　地球環境変容のセンサーとしての湖　　10

■第2章　湖の自然
- 2-1　湖盆の成因と形態　　12
- 2-2　水収支　　16
- 2-3　湖水の流動と循環　　20
- 2-4　水色・透明度　　24
- 2-5　水温　　28
- 2-6　水質　　30
- 2-7　湖底堆積物　　34
- 2-8　生産と湖沼型　　36

第Ⅱ部　日本の湖沼環境

■第1章　北海道
- 1-1　**サロマ湖**——オホーツク海に面した広大な汽水湖　　38
- 1-2　**網走湖**——深層に海水が侵入するため二層構造をもつ　　40
- 1-3　**摩周湖**——霧の中で神秘的な深い藍色の水をたたえる　　42
- 1-4　**屈斜路湖**——御神渡り現象がみられる日本最大のカルデラ湖　　44
- 1-5　**阿寒湖**——特別天然記念物マリモが生育　　46
- 1-6　**支笏湖**——日本有数の水質のよさを誇る　　48
- 1-7　**倶多楽湖**——ほぼ円形をした澄んだ湖　　50
- 1-8　**洞爺湖**——周辺地域とともに世界ジオパークに認定　　52
- 1-9　**渡島大沼・小沼**——秀麗な駒ヶ岳を望む風光明媚な湖　　54

■第2章　東北
- 2-1　**十三湖**——中世に栄えた幻の港町十三湊があった湖　　58
- 2-2　**十和田湖**——観光とヒメマス養殖で知られる　　60
- 2-3　**一ノ目潟・二ノ目潟・三ノ目潟**——周辺地層から地球深部の構成物質を発見　　62
- 2-4　**田沢湖**——日本で最深の湖　　66
- 2-5　**蔵王御釜**——水色の変化が美しい強酸性の湖　　68
- 2-6　**裏磐梯湖沼群**——磐梯山の噴火でできた多様な湖沼群　　70
- 2-7　**猪苗代湖**——湖水がさまざまに利用される水質のよい湖　　80

■ 第3章　関東

- 3-1　**日光湯ノ湖** ── 湯の香漂う山間の湖　　82
- 3-2　**中禅寺湖** ── 日光国立公園の中の幽玄の湖　　84
- 3-3　**霞ヶ浦** ── 日本第2位の面積をもつ平地の湖　　86
- 3-4　**手賀沼** ── 人口稠密地にあってさまざまな人的影響を受ける　　90
- 3-5　**榛名湖** ── 多くの観光客が訪れる山上の湖　　92
- 3-6　**湯釜** ── 緑白色の強酸性の湖　　94
- 3-7　**芦ノ湖** ── 富士箱根伊豆国立公園に位置する景勝地　　96

■ 第4章　甲信越・東海・北陸

- 4-1　**富士五湖** ──「富士山：信仰の対象と芸術の源泉」の一部としての世界遺産　　98
- 4-2　**野尻湖** ── ナウマンゾウ化石などの発掘で知られる　　106
- 4-3　**仁科三湖** ── 北アルプスの麓に連なる静かな湖　　108
- 4-4　**諏訪湖** ── 御神渡りの記録から過去の気候変動が復元　　112
- 4-5　**大正池** ── 名前が誕生年代を表す湖　　114
- 4-6　**高山湖沼群** ── さまざまな成因をもつ雲海の湖沼群　　116
- 4-7　**浜名湖** ── 古くからの東西交通の要所　　124
- 4-8　**三方五湖** ── 湖沼環境の多様性と特異性で世界的に注目　　126

■ 第5章　近畿・中国・四国

- 5-1　**琵琶湖** ── 日本最大で世界有数の古い湖　　134
- 5-2　**中海** ── 多様な産業を支える広大な汽水湖　　138
- 5-3　**宍道湖** ── 神話と伝説の湖　　140

■ 第6章　九州

- 6-1　**霧島湖沼群** ── 火山の中に散らばる個性豊かな湖沼群　　142
- 6-2　**池田湖** ── 山麓湧水を養う深く明るい南国の湖　　146
- 6-3　**鰻池** ── 火山地帯の静かな湖　　148
- 6-4　**上甑島湖沼群** ── 海水との交流がもたらす南の島の不可思議な湖沼群　　150

付表　日本のおもな湖の位置と湖盆形態　　154
文　献　　159

《第Ⅰ部 湖 の 科 学》
湖の世界／湖の自然

《第Ⅱ部 日本の湖沼環境》
北海道

東北

関東

甲信越・東海・北陸

近畿・中国・四国

九州

付表

図説 日本の湖

第Ⅰ部 湖の科学

第1章 ● 湖の世界

1-1 小宇宙から流域水循環へ

　湖の特性を的確にいいあてる言葉の1つに,「小宇宙としての湖（The Lake as a Microcosm）」との表現がある．この一句は，さかのぼること実に120年余，1887年2月25日の夕，アメリカの動物生態学者フォーブス（Stephen Alfred Forbes：1844～1930）が，モレーンの堰止めによって形成された閉鎖的環境の強いイリノイ州の湖をとりあげ，対照的に湖水の滞留時間の短い河跡湖と比較しつつ，理化学的性状や生物相の差異を指摘した講演に由来する（Forbes, 1887）（図1-1-1）．確かに湖は，水面から受ける太陽光をエネルギーに，食物連鎖によって結ばれた1つの独立した世界を形づくっており，外界から比較的隔絶された空間，いわば小天地とみなすことができる．

　一方，湖を上記のように閉じた系としてとらえ，湖の内部に生起する諸現象相互の因果関係や季節変化の特徴に焦点を当てることに加え，流域を単位とする水循環の過程における"水のあり方"として湖を位置づけ（図1-1-2），地下水との交流を含む物質の挙動と収支を明らかにすることも重要である．たとえば，湿潤地域の浸透湖における湖盆からの湖水の漏出は，山麓の湧水や河川水の水温・水質の形成に顕著な影響を与え，火山地域の湖底に湧出する地下水は，湖水の涵養源として量と質の両面で大きな役割を果たす場合が多い（丸井ほか，1995；土，2007）．

　総合科学・学際科学の典型的な例である湖沼学は，独立した学問領域としてどのような意義をもつのであろうか．湖を舞台に繰り広げられる個々の事象を細分化された既成の基礎科学の手法によって解き明かすのみでは，湖沼学が独立科学として成立することは疑わしい．事実，湖盆の成因や変遷は狭義の地球科学に，湖水の温度・密度と流動は地球物理学に，水質は地球化学に，淡水動植物は生物分類学・生態学などの一部にほかならない．ただ単に湖を研究対象とすることのみでは，湖沼学独自の研究理念も研究方法も存立せず，湖沼学の科学としての独自性に関する疑義は，研究段階の明確化に伴う学問体系の確立により徐々に氷解していくこととなる．すなわち，湖沼学研究の最終段階とは，湖の物理化学的現象と生物群集を基礎に，流域の水循環を担う総合体としての湖の特性を明らかにすることにあり，湖水・堆積物の理化学的性状や水生動植物の種と現存量の解明に基づき，湖沼型に代表される湖の総合的特徴を流域の水循環特性を背景に比較描出する方向性が必要と考えられる（森，1993）．

　湖は水資源の対象としてはもとより，生産の場であり，観光資源としての湖の役割も見逃すことのできない要素の1つである．景観的な側面から湖を評価することによって，湖の利用と保全の体系化を図ろうとする試みはその一例である（溝尾・大隅，1983）．特に近年，湖岸の人工化が親水景観に影響を与え，気候変動に伴う湖沼環境の変容が顕在化している事実を考慮すると，水の滞留時間が長く閉鎖的な性格の強い湖の保全と持続可能な利用を図るためには，湖盆の背後に広がる流域を対象に水と栄養塩の動態を定量的に把握することが重要な課題となっている．

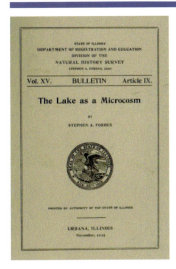

図 1-1-1 古典"The Lake as a Microcosm"(Forbes, S. A., 1887〔1925年発行の復刻版〕)の表紙

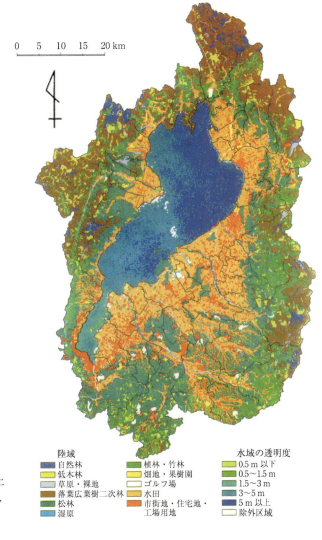

図 1-1-2 琵琶湖と流域の土地利用(滋賀県琵琶湖研究所,1988)

陸域
- 自然林
- 低木林
- 草原・裸地
- 落葉広葉樹二次林
- 松林
- 湿原
- 植林・竹林
- 畑地・果樹園
- ゴルフ場
- 水田
- 市街地・住宅地・工場用地

水域の透明度
- 0.5 m 以下
- 0.5〜1.5 m
- 1.5〜3 m
- 3〜5 m
- 5 m 以上
- 除外区域

(a) 霧島山の大浪池(2004年8月,森 和紀撮影)　　(b) 榛名湖(2006年10月,山中 勝氏撮影)

図 1-1-3 湖の調査風景

1-2　日本の湖沼研究：黎明と展開

　湖に限らず，日本における陸水の科学的調査の嚆矢は，1899年8月1日，レマン湖の湖沼誌を大成させたフォーレル（François Alphonse Forel：1841～1912）の薫陶を受けた田中阿歌麿子爵（1869～1944）が山中湖において行った水温観測と測深である．いわば湖は，目に映る自然界の水の中で，知的な好奇心を最も掻き立てる対象であった．山中湖における水温観測は，当時1個だけ輸入されていた海洋観測用の転倒温度計が用いられ，錘測に基づく湖盆図の作成には縮尺2万分の1地形図が利用された（上野，1977）．初期における湖の観測には海洋の実験室的な意味で実施された面があり，水面下に繰り広げられる未知の世界に対する探究心が湖の研究の大きな推進力となった．田中の湖沼調査は同年（1899年）9月には芦ノ湖に及び，山中湖が温帯湖に，芦ノ湖が熱帯湖にそれぞれ分類される事実が判明していった．吉村信吉博士（1907～1947）は，実質20年間の学究活動の中で大著『湖沼学』を含む300篇を超える論文・報文を著し（山室，2006a，2006b，2007），湖沼学の発展に大きく寄与し後世に永く残る不滅の業績をあげた．湖の調査研究はその後，湖盆の成因と形態，水温・水質，湖水の流動，湖底堆積物，生物群集などに関する個々の性状を明らかにする成果の集積を基礎に，湖を総合体としてとらえる湖沼型の確立から湖沼誌へと進んでいくこととなる．

　時を経て，1983年には，世界有数の"古代湖"である琵琶湖の野洲川河口沖において，深度1,422.5 mに達する湖底堆積物の柱状試料が採取された（図1-2-3）．コア下部の500 mを占める中生代から古生代までさかのぼる基盤岩の上部には厚さ910 mの湖成層が堆積し（堀江，1988），その学際的な共同研究によって過去300万年間にわたる古環境の復元に多大な成果があげられたことは特筆に値しよう．諏訪湖における御神渡りの記録は，1443年（室町時代中期）より現在に至る約570年間に及ぶ世界で最も長期にわたって得られる湖の結氷記録であり（新井，2004），陸水環境の変化と地球規模の気候変動との関係を解明する貴重な資料として重要な意味をもっている（図1-2-4）．

　湖水の循環機構と山麓湧水の涵養源としての湖の役割に関する検証では，同位体を利用した湖水の滞留時間の算定の解明が進み，トリチウム（^{3}H）は熱核爆発実験により成層圏に放出された影響が降雨に顕著に認められた1970～1980年代には有力なトレーサーとして利用された（佐藤，1983；佐藤ほか，1984）．放射性同位体（^{24}Na，^{86}Rb）を結氷下の湖に投入し，濃度の減衰と拡散から湖水の鉛直方向の循環を把握する試みも行われてきた（Likens and Hasler, 1962）．地球上における水循環の速さには10^{-2}～10^6年の桁にわたる大きな差異があるが，存在形態を異にする水体相互の間での水の動きについて，特に人間とのかかわりの観点から注目が払われねばならない．湖を中心とする地表と地中・大気・海洋との間の水の動きは重要度が高く，かつ水質の形成と変化に代表されるように，人間活動の影響を受けやすい部分である（森，1982a）．

図1-2-1 田中阿歌麿子爵が錘測によって田沢湖の最大水深397mを測定した1909年当時の丸木舟（「田沢湖に生命を育む会（湖命の会）」による）

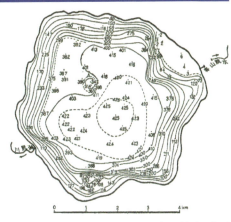

（a）吉村信吉博士によって1938年に錘測に基づき作成された図（沖野，2011）

現在（b）と比較し，大きく変わらないことに驚かされる．

図1-2-3 琵琶湖底1,400mの掘削塔（Horie, 1991）

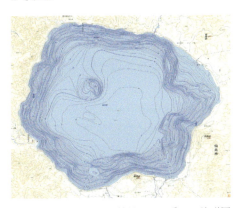

（b）国土地理院による縮尺25,000分の1地形図に掲載の図（2009年発行）

図1-2-2 田沢湖の湖盆図

図1-2-4 諏訪湖の御神渡り（2003年1月，花里孝幸氏撮影）

1-2 日本の湖沼研究：黎明と展開

1-3　地球上の水と湖水の存在量

　地球上には体積にして約 1,384,500,000 km^3 の水が存在すると見積もられており，その 97.5% を海水が占める（表 1-3-1）．すなわち，水資源として人間生活に直接のかかわりをもつ陸水は地球の水の総量のわずか 2.5% であり，しかも陸水の 70.1% が固体として分布する氷であることを考え合わせると，湖・河川・地下水の合計（10,300,000 km^3）が総量に占める比率は 0.75% にすぎず，利用可能な水の量はきわめて限られていることになる．流水である河川とともに地表水の一部を構成する静止水塊としての湖の存在は 219,000 km^3 であり，その 57% にあたる 125,000 km^3 が淡水湖，残りの 94,000 km^3（43%）は乾燥地域を中心にみられる塩湖や鹹湖である（森，1982a）（図 1-3-1）．存在量から評価される利用の可能性が潜在的に高い水としては地下水が圧倒的な比率を占めるが，資源としての水の有用性は，むしろ循環速度に大きく左右されることから，量のみにとらわれて価値を過大に評価することは避けなければならない．むしろ，人為的な影響に対する変化に脆弱な湖の存在は，水資源と水環境の両面において，その姿を正しく理解する必要性が高い．

　湖水の総量を見積もる基礎資料としての各湖の湖盆形態に関しては，近年の測深技術の進歩に伴い，精度の高い湖沼図が得られるようになってきた．かつては点情報であった錘測に始まり，単素子音響測深による線情報から多素子音響測深による多重線へと進展し，さらに最近ではマルチビーム測深の導入によって湖底の詳細な起伏を面情報として入手することが可能となった．日本の国土，なおさら世界のすべての湖について個々の湖盆形態と水位変化に関する資料を揃えて湖水の容積を積算することは不可能に近いが，日本，もしくは世界の湖の容積を大きさの順に並べた累加曲線を作成してみると，上位を占める限られた湖によって総量が決定されることが大きな特徴である．したがって，容積が判明する主要な湖について作成した累加曲線を外挿し得られる漸近線の値から湖水の総量を知ることが可能となる（図 1-3-2）．

　世界の湖についてみると，淡水湖として最大のバイカル湖（容積 23,000 km^3）を筆頭に，第 2 位のタンガニーカ湖（17,800 km^3），第 3 位のスペリオル湖（12,220 km^3）が続き，上位 7 位までの淡水湖の合計が全淡水湖の総量の 64% を占め，さらに上位 40 位までの淡水湖の容積を合計すると総量の 80% に達する．ちなみに，日本最大の琵琶湖でもその容積は 27.8 km^3 であり，世界の湖に占める容積の順位を特定することは難しい．塩湖については，最大のカスピ海（78,200 km^3）のみで全塩湖の総量の実に 83% に及ぶ．

　国別の湖の数では，基準となる湖面積に統一を欠くが，フィンランドにおける湖の総数は約 55,000 といわれ（図 1-3-3），国土面積 1,000 km^2 当たりの数は 163 である（西條・阪口，1980）．これに対し日本には，縮尺 20 万分の 1 地勢図で判読できる湖は約 630 であり，国土面積 1,000 km^2 当たりでは 1.7 となる．面積 100 km^2 以上の湖は世界で 341 を記録し，日本にはそのうち 4 湖が該当する．

図1-3-1　日本には見られない乾燥地域の塩湖（アタカマ沙漠，2011年11月，森　和紀撮影）

表1-3-1　地球上の水の財産目録（山本・高橋〔1987〕に加筆）

あり方		総量（km³）	比率（%）	
海洋		1,349,929,000	97.50	—
雪氷		24,230,000	1.75	—
湖沼	塩湖	94,000	0.007	—
	淡水湖	125,000	0.009	1.22
河川		1,200	0.0001	0.01
地下水		10,100,000	0.73	98.77
土壌水		25,000	0.002	—
水蒸気		12,600	0.001	—
生物体	動物	600	0.0001	—
	植物	600		—
総計		1,384,518,000	100	100

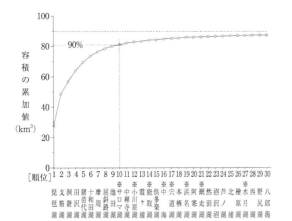

図1-3-2　日本の湖の容積順位による累加曲線
湖沼名の※は汽水湖を表す．

図1-3-3　湖沼の意であるSuomiが本国での呼称となっているフィンランド

1-3　地球上の水と湖水の存在量

1-4 日本の湖の特色

　日本における湖を面積の順でみると，第1位の琵琶湖（674.0 km^2）から第270位まで，0.01 km^2 以上の湖の総和は2,282 km^2 であり，この値は沖縄県の面積にほぼ等しい．日本の湖の地理的分布には偏在性の大きいことが特徴の1つであって（図1-4-1），北海道と東北6県に長野県を加えた8道県に，総数の65％にあたる410の湖が位置する．このように，湖のほとんどが東日本に分布する事実は，日本の湖と火山の分布がほぼ重なる点からもわかるとおり，湖盆の成因の多くが火山活動に由来することを示唆する．すなわち，日本には火口湖・火口原湖やカルデラ湖，溶岩による堰止め湖が数多くみられ，ことに新期の火山活動に起因して湖水が強い酸性を示すことは，世界的にみた日本の湖の最大の特色となっている（森，1989）．代表的な強酸性湖には，かつてpH 0.6を記録した草津白根山頂の湯釜，鳴子の潟沼（pH 1.8），蔵王山頂の御釜（pH 2.9），下北半島の宇曽利山湖（pH 3.1）などがあり，これらの湖に共通する点は，いずれも湖盆の容積が比較的小さい火口湖であることである（表1-4-1）．酸性湖はまた湖水中に高濃度の塩類を溶存する場合が多く，火山活動に伴う水質の変動が著しい．

　日本の湖の特色の第二に，汽水湖の存在があげられる．湖は塩分（自然界の水に含まれる無機態電解質の濃度の合計）500 mg/Lを境に淡水湖と塩湖に区分され，海水が河川水によって希釈された汽水をたたえる潟湖は，かつての内湾が砂州・砂嘴や沿岸州によって外海から切り離されて形成されたもので，地形的にはラグーンと同義である．汽水湖は，海底が緩傾斜である日本海やオホーツク海の沿岸に多く分布する．汽水湖の総数は約40と必ずしも多くはないが，面積順の上位に多くの汽水湖がランクされ，大湖に占める汽水湖の地位の高いことがわかる（森，1982b）（表1-4-2）．汽水湖では，密度を異にする海水と河川水の二水塊による成層が維持されるため，湖水の循環は淡水が占める表層のみに限られる．したがって，水深が比較的大きい場合には，深層水が長期間にわたって停滞し無酸素となる結果，硫酸還元に伴う硫化水素が高濃度に溶存することとなる．春採湖〔北海道〕や三方五湖の1つ水月湖〔福井県〕はその典型的な例であり，水月湖には深さ8 m付近から34 mの湖底まで，循環の不活発な層が周年を通じ維持されている（Mori, 1978）．なお，裏磐梯の川上青沼のように，汽水湖とは異なり，火山活動に起因して湖水の塩分が高い例も認められる．

　温帯湖と熱帯湖が国土に混在する点も日本の湖の特色の1つである（山本・高橋，1987）．淡水湖においては湖水の密度が水温のみによってほぼ一義的に決定され，温帯湖では，全層が4℃となる春季と秋季の年2回，湖水が循環する．合わせて，表面水温が年間を通し4℃以下になることのない熱帯湖，厳冬の年にのみ4℃以下となる亜熱帯湖もみられ，霧島山頂の火口湖群を除けば，琵琶湖と芦ノ湖を結ぶ線が熱帯湖の北限となっている（図1-4-1）．

表1-4-1 日本の代表的な強酸性湖の水質（西條・阪口〔1980〕に著者らの値を加筆）

湖沼名	所在地	pH	SO_4^{2-} (mg/L)	Cl^- (mg/L)	Ca^{2+} (mg/L)	観測年
湯釜	群馬	0.6	5,349	5,010	255	1949
		1.03	4,364	2,715	92	2007
潟沼	宮城	1.8	1,003	3.5	2	1968
蔵王御釜	宮城	2.9	421	0.3	72	1968
		2.94	441	2.2	153	2005
宇曽利山湖	青森	3.1	20	24	5	1934
裏磐梯赤泥沼	福島	3.2	2,767	7.0	330	1968

表1-4-2 日本のおもな汽水湖

湖沼名	面積 (km²)	順位※
サロマ湖	151.8	3
中海	86.1	5
宍道湖	79.1	7
浜名湖	65.0	10
小川原湖	62.2	11
能取湖	58.4	13
風蓮湖	57.7	14
網走湖	32.3	16
厚岸湖	32.3	16

※日本の全湖沼中の順位

図1-4-1 日本の湖の分布
表面水温は緯度と標高によって主として決定されることから，温帯湖の南限と熱帯湖の北限とは一致せず，両者が共存する地域が東西に帯状に分布する．

1-5　地球環境変容のセンサーとしての湖

　グローバルな気候変動，特に近年の地球温暖化が湖沼環境に及ぼす影響は，量の変化が質の変化に転化することにおいて，その機構の解明になお不確実な要素を多く残す課題の1つである．温暖化の影響の事実を検証し因果関係を明らかにするためには，異なる時空間尺度における水文気象条件の下で，水循環を中心的な概念に据えた比較研究の成果の集積が必要と考えられる．流域スケールの湖沼環境に与える地球温暖化の影響に関する検証は，第一に，水温構造と水質の変化に関する解析，第二に，流入河川の流量や流域の降水量，特に降雪量の変化に伴う湖水の滞留時間の変化の検討に大別される．

　地球温暖化が湖沼環境に与える影響はすでに顕在化しており，琵琶湖北湖の各深度における年平均水温の最近約40年間の変化をみると（遠藤，2003），1990年以降，表層のみならず深度70 m でも上昇傾向にあることが認められる（図1-5-1）．北湖全体の平均水温は，1965～1985年の平均値と比較し約2℃上昇しており（図1-5-2），この水温上昇に相当する熱エネルギーは約140万人分の年間消費エネルギーに匹敵するとの試算がある（遠藤，2006）．

　溶存酸素についても，琵琶湖の水深80 m 地点における湖底直上1 m の底層水（図1-5-3），および池田湖深層の水深200 m（図1-5-4）の濃度の経年変化に示されるとおり，低下の継続が明らかであり（熊谷ほか，2006；森田・新井，2002），生態系への影響が現実のものとなっている．貧酸素水塊の形成には，富栄養化の進行に伴う深層への有機物供給量の増加も一因ではあるが，水温が年最低値を示す冬季に湖水が循環する1回循環湖の琵琶湖や池田湖における近年の貧酸素化現象は，地球温暖化による暖冬の影響を受け，表層水温の上昇に伴う密度の低下が湖水の対流現象を妨げることで生じた結果である．

　年単位の降水量・蒸発散量・流出量の長期変動の特徴に基づき，湿潤温帯気候下に位置する日本の温帯湖・亜熱帯湖の流域を対象に，過去に生じた典型的な気温上昇に伴う水質の変化を明らかにすることは重要な課題である（森，2007）．気温の上昇は日照時間の長期化に起因することから，降水量の減少に随伴される場合が多く，過去に生じた典型的な暑夏の事例では，平年と比較し水質の悪化が認められた．

　21世紀に入って以降，地球温暖化のハイエイタスが全球平均の地表気温の経年変化に現れるようになった（渡部，2014）．この主要な要因が海洋による熱吸収にあり，高緯度における海面水温の近年の上昇が認められているとおり，湖沼もまた，大気環境の変化に対する応答を示す貯熱の場として重要である．この点において，特に高山湖沼の理化学的特性の変化を注視する必要性が高いと考えられる（図1-5-5）．地球環境変容のセンサーとして機能する湖，時々の文明を映す鏡である湖は，地域と地球が現実に抱える環境問題の解決にとって，今後，その重要性をいっそう高めるであろう．

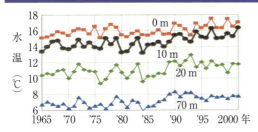

図1-5-1 琵琶湖の各深度における年平均水温の経年変化（遠藤，2003）

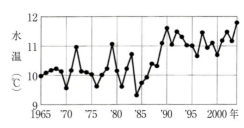

図1-5-2 琵琶湖の全容積加重平均水温の経年変化（遠藤，2006）

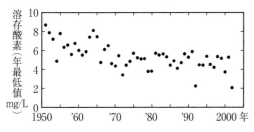

図1-5-3 琵琶湖底層水の溶存酸素年最低値の経年変化（熊谷ほか，2006）

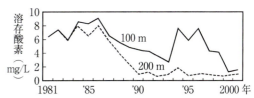

図1-5-4 池田湖における溶存酸素の経年変化（森田・新井，2002）

図1-5-5 立山，ミクリガ池（2008年10月，森 和紀撮影）
地球環境の変化に対する応答を鋭敏に示す場として，モニタリングが重要な高山湖沼の1つ．
標高2,404 m，森林限界より高位に位置し，流域土壌の発達が悪いことから，栄養塩の供給がほとんどなく，降水が涵養源の大部分を占める典型的な貧栄養湖（湖水の電気伝導度：6.5 μS/cm）．

第 2 章 ● 湖の自然

2-1　湖盆の成因と形態

　湖沼は，自然の営力によって地表に形成された窪地を占める水体であり，同じく地表水に位置づけられる流水としての性格の強い河川に対比される．流入河川によってもたらされる外来性の懸濁物質や湖内部の水生生物に起因する自生性の有機質の物質が埋積することにより次第に浅い水体へと遷移し，湖から沼へと移行した後，沼沢，湿原となって，最終的には陸水としてのあり方を終える（図 2-1-1）．湖盆の埋積と富栄養化の速度には，湖面積に対する流域面積の比率，および流域の自然と人文特性が大きくかかわっており，湖への栄養塩の流入の制御に加え，非点汚染源である流域における土壌侵食の抑制が課題である．

　湖と沼は，最大水深 5 m 程度をもって区別されるが，水深のみで一律に決められるものではなく，シャジクモやクロモなどの沈水植物が繁茂している比較的浅い水体を沼と定義するのが適切である．沼沢には，アシ・マコモに代表される挺水植物が一面にみられる．一方，池とは，自然の営力によって形成された湖や沼とは異なり，人工的に築造された溜池や貯水池を指す語句であるが（森，2002），前述の湖と沼との区別を含め，実際の地名にはこれらの定義と一致しない例が多い（たとえば，菅沼〔群馬県〕：最大水深 75.0 m，クッチャロ湖〔北海道〕：最大水深 3.3 m，鰻池〔鹿児島県〕：カルデラ湖）．

　湖盆の成因には，火山活動，氷河作用，構造運動，侵食・堆積作用，風食，溶食などがあげられる（村上ほか，2011）．火口湖のうち，噴火活動が 1 回のみで終わった場合には，噴出物の

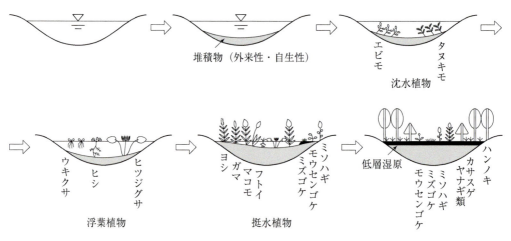

図 2-1-1　湖の遷移（駒村ほか〔2000〕に加筆）

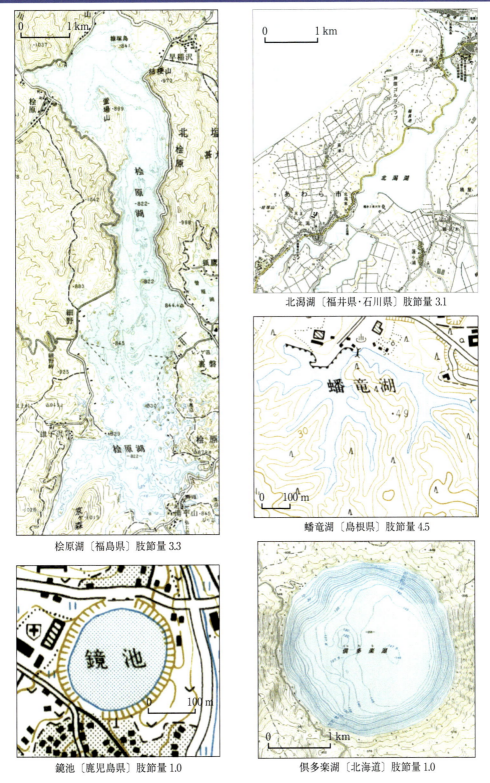

図2-1-2　肢節量からみた湖面の形状

堆積が少なく周囲に山体が形成されないため，肢節量（しせつりょう）が約 1.0 の円形に近い湖岸線が維持され，特にマールと呼ばれる（たとえば，男鹿半島の一ノ目潟・二ノ目潟・三ノ目潟）．火山の噴火に起因し，口径が 2 km 以上に達する陥没地形に湛水したカルデラ湖には規模の大きな湖が多く（摩周湖・十和田湖・田沢湖・池田湖），カルデラ底の一部に湛水した場合には火口原湖と呼ばれる（榛名湖・芦ノ湖）．火山活動に伴い噴出した溶岩や泥流によって谷が堰止められ形成された湖は，一般に湖岸線の屈曲が著しく複雑な形状を示す（裏磐梯湖沼群・上高地の大正池）（図 2-1-2）．地震に伴う土石流により形成された堰止め湖も国内に例が多い（涌池（わくいけ）・柳久保池（やなくぼいけ）〔長野県〕，震生湖（せいこ）〔神奈川県〕）．

　氷食湖やモレーンによる堰止め湖は，日本にこそ例が限られているものの（たとえば，木曽駒ケ岳の濃ヶ池），大陸では最も多い湖盆の成因である（五大湖・イギリス湖水地方の湖沼群）．構造運動によって形成された断層湖にはいわゆる古代湖が多く，固有種が棲息する（琵琶湖・バイカル湖・タンガニーカ湖）．石狩川下流部には河跡湖としての三日月湖がみられ，ヨーロッパや北米の河川では，ビーバーが営巣のために木の枝で河川を堰止め，小規模な湖が形成される場合もある．風食湖は乾燥地域に（ボツワナ・ナミビア・南アフリカ共和国に広がるカラハリ沙漠のパン），溶食湖は石灰岩地域に分布する（ハンガリーのベーレン湖）．

　国土地理院発行の縮尺 1 万分の 1 湖沼図が整備されたことにより，湖盆形態や底質，水生植物に関する情報量が飛躍的に増大した（森，1989；建設省国土地理院，1991）．湖盆の成因と形態との間には密接な関連があり，水位の変動幅を考慮した上で，湖盆形態の特徴は下記の指標によって表される．

- 湖面標高（H）
- 湖面積（A）
- 湖岸線の長さ（L）
- 肢節量（U）＝ $L/L' = L/(2\sqrt{A\pi}) \fallingdotseq L/(3.54\sqrt{A})$
  　　　　　L'：湖と等しい面積（A）をもつ円の周囲
- 湖の長軸（l）
- 湖の幅（B）
  　最大幅（B_{max}）：長軸に直交する直線の長さの最大値
  　平均幅（B_{mean}）＝ A/l
- 湖の平均半径（r）＝ $\sqrt{A/\pi} \fallingdotseq \sqrt{A}/1.77$
- 湖盆容積（V）＝ $(z/3)\{S_1 + S_{2n+1} + 4(S_2 + S_4 + \cdots + S_{2n}) + 2(S_3 + S_5 + \cdots + S_{2n-1})\}$
  　　　　　z：等深線間の鉛直距離
  　　　　　$S_1, S_2, \cdots, S_{2n-1}, S_{2n}, S_{2n+1}$：各等深線で囲まれた面積
- 湖盆の平均傾度（I）＝ $D_{max}/r \fallingdotseq D_{max}/(\sqrt{A}/1.77) = (1.77 D_{max})/\sqrt{A}$
- 水深（D）
  　最大水深（D_{max}）
  　平均水深（D_{mean}）＝ V/A
- 潜窪（S）＝ $D_{max} - H$

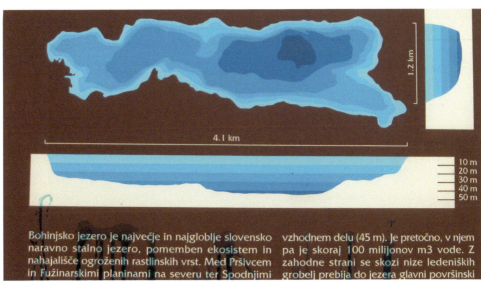

Bohinjsko jezero je največje in najglobje slovensko naravno stalno jezero, pomemben ekosistem in nahajališče ogroženih rastlinskih vrst. Med Pršivcem in Fužinarskimi planinami na severu ter Spodnjimi vzhodnem delu (45 m). Je pretočno, v njem pa je skoraj 100 milijonov m3 vode. Z zahodne strani se skozi nize ledeniških grobelj prebija do jezera glavni površinski

図2-1-3 観光地の湖岸に立てられている湖盆形態の表示例スロベニア，ボーヒン湖
(写真上はスロベニア，ブレッド湖．共に2004年8月，森　和紀撮影)
訪れる人々の湖への科学的関心を高める情報として日本の湖でも広めたい案内板．

2-2 水　収　支

　水循環の一過程における水のあり方として湖沼を位置づける上で，湖水と地下水，河川水，海水など，地球上の種々の水体との交流現象を定量的に把握することが必要であり，この観点から湖沼の水収支は重要な意味をもっている．

　湖水の涵養源には，湖面への降水，流入河川水，湖底への地下水の湧出があげられる．このうち湖面への直接の降水量は，河川水による流入量と比較し，カルデラ湖や火口湖のように湖面積に対し湖の流域面積が比較的小さい場合には大きな役割を果たす．同じく乾燥地域においては，流域内での蒸発散量がかなり大きいために表面流出による湖への流入量が小さく，湖面への直接の降雨は湖水の涵養源として量と質の両面において重要である．ケニア・ウガンダ・タンザニアの国境に位置するアフリカ最大の湖ヴィクトリア湖では，湖面への降水量が河川流入量の2.3倍に達する．

　一方，上記のような場合を除けば，湖水の涵養源は，流域からの表面流出による流入量に最も大きく依存すると考えてよい．このほか，湖盆の成因が火山に関係している湖沼の中には，湖底や湖岸付近に地下水の湧出がみられる例が少なくない．たとえば，湖の涵養量に占める湖底への地下水湧出量の比率が高い日光湯ノ湖においては，湖底表面の泥温と湖底直上の水温との差に基づき，地下水の湧出箇所が特定された（Arai et al., 1975）．西湖・本栖湖でも，湖水の一部は富士山体から湧出する地下水によって涵養されており，湖底湧水の採取が試みられている．これらの涵養源に対し湖盆からの水の消失は，蒸発，流出河川，地下水としての漏出によって行われる．蒸発量は，風速，および水面と水面上の大気との水蒸気張力の差の関数として経験的に求められる．可能蒸発散量が降水量を上回る地域においては，湖の水位が低下した結果，表面流出口を欠くこととなり，河川からの流出が起こらなくなって湖水が濃縮され，塩湖となる場合が多い（森，1981）．海水に直接の起源をもたないこれら乾燥地域の塩湖もまた，水質のみならず水収支と物質収支の面から興味深い問題を提示している．

　地表水としての湖水の流出も地下水としての漏出もない湖は閉塞湖と呼ばれ，流出河川をもつ開放湖に対比させられる．日本のような湿潤地域の場合，河川や用水による地表水の流出がみられない湖においては，湖水は湖盆からの地下水漏出によって失われており（中尾ほか，1967；中尾，1987），このような湖を浸透湖と呼ぶ（摩周湖，倶多楽湖，池田湖など）（図2-2-3・図2-2-4）．

　以上のような湖水の涵養源と消失源に加え，汽水湖においては，外海との海水交流現象が湖の水収支や物質収支に大きく関与する．水月湖では，湖と外海とを結ぶ連絡水路で得られた流量の実測値とその調和解析の結果から，湖水の流出量と海水の流入量が外海の潮位によく対応して変動することが明らかにされており（森，1980），汽水湖における海水との交流関係の解明は，湖

水と河川水・地下水との関係と並んで重要な課題である.

　湖盆を単位とする湖の水収支は,上記に述べた湖水の涵養と消失にかかわる各項の量的関係を,一定期間における湖水容積の変化量として表すことによって求めることができる(森,1990).すなわち,

$$I - O = dV/dt \tag{1}$$

ここに,I は全涵養量,O は全消失量,V は湖水容量,t は時間である.湖水容量の変化 (dV/dt) は,湖沼図をもとにした湖の容積と深度との関係を用い,湖水位の変化から得られる.

　(1) 式に基づき,湖沼の基本的な水収支式は次のように与えられる(図2-2-1).

$$(P \cdot A + R_I + G_I) - (E \cdot A + R_O + G_O) = (dH/dt) \cdot A \tag{2}$$

ここに,P は湖面への降水量 [L/T],A は湖面積の平均値 [L^2],R_I は地表水流入量 [L^3/T],G_I は地下水湧出量 [L^3/T],E は湖面からの蒸発量 [L/T],R_O は地表水流出量 [L^3/T],G_O は地下水漏出量 [L^3/T],H は湖水位 [L] である.

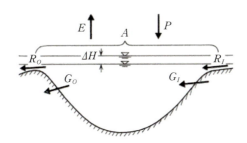

図 2-2-1　湖沼の水収支模式図
図中の記号については本文(2)式を参照.

図 2-2-2　湖面からの蒸発による霧の発生(山中湖,2013年11月,森　和紀撮影)
湖の表面水温が気温より高く,無風に近い時に多く見られる.蒸発した水蒸気が冷却され,凝結して霧となる.

（2）式において，地下水が関与する G_I と G_O については，従来，それぞれの値を単独に直接得ることが難しく，（G_I-G_O）の値を（2）式の残差として知るにとどまることが多かった．すなわち，正味の値としての湧出量あるいは漏出量のいずれか一方を未知項として求めざるをえないが，湖水と地下水との交流関係を問題にするとき，ある湖盆において湧出量と漏出量の双方を分けて算出する必要性は低いため，実際的な現象から考えても大きな支障はなかったといえよう．これに対し，1980年代に入ってからは，湖水の涵養源に占める地下水湧出量の重要性，ならびに流域の河川・湧水に及ぼす湖盆からの地下水漏出の役割に関する認識が高まり，地下水の寄与を定量的に実測する試みが行われている．わが国では，琵琶湖を代表として，霞ヶ浦や西湖において溶存酸素や同位体をトレーサーとする観測が実施され，湖水と地下水との交流関係が明らかにされつつある意義は大きい．

水収支の期間を1水年にとれば，

$$dH/dt ≒ 0$$

と一般に考えてよいので，（2）式は次のようになる．

$$P \cdot A + R_I + G_I = E \cdot A + R_O + G_O \tag{3}$$

一方，流域を含めた湖沼の水収支の基本式は以下のように示される．

$$S_I \cdot C + P_L \cdot A = E \cdot A + S_O \cdot (C+A) \tag{4}$$

ここに，S_I は流域からの流入量［L/T］，C は湖の流域面積［L^2］，P_L は湖面への降水量［L/T］，S_O は湖からの流出量［L/T］である．湖の流域を含めた水収支を明らかにするためには，湖面の降水量と蒸発量に加え，流域全域の平均降水量と蒸発散量に関する検討が必要となる．

さらに，日本のような湿潤地域に位置する湖沼のうち，表面流出（R_O）の認められない湖，すなわち浸透湖を対象にすれば，明らかに

$$R_O = 0,\ かつ\ P > E$$

であり，R_I はもともと流域における降水量と蒸発散量との差の一部であるから，（3）式より，

$$(P-E) \cdot A + R_I = G_O - G_I > 0 \tag{5}$$

が得られる．（5）式が示すとおり，浸透湖においては，湖水が地下水漏出によって失われることで湖の水収支が成立している．

湖沼の水収支にかかわる各要素の測定精度を上げる目的から，水文期間を結氷期にとれば，（2）式において，

$$P = 0,\ E ≒ 0,\ dH/dt ≒ 0$$

とみなして差し支えないので，次の水収支式が成立する．

$$R_I - R_O = G_O - G_I \tag{6}$$

（6）式においては，流入河川と流出河川の流量観測の結果を比較することにより，湖水と地下水との交流量に関する検討をより高い精度で行うことが可能である．

水収支の期間を1水年より短くとる場合には，通常，

$$dH/dt ≠ 0$$

であり，湖水位は，主として降雨と融雪に伴う流入河川の流量に支配されて変化する．

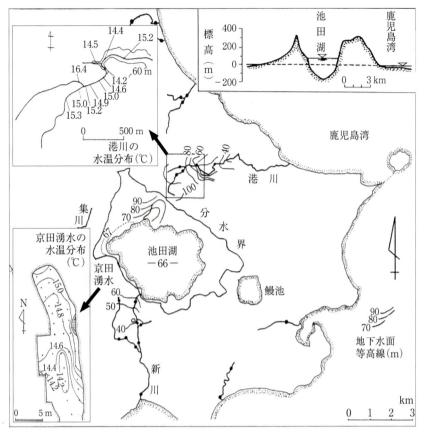

図 2-2-3　浸透湖, 池田湖における湖水の分水界漏出（佐藤ほか〔1984〕に加筆）
周辺地域の河川水温・地下水温は 17～19℃を示すのに対し, 池田湖の水深 20 m 以深の水温は周年 15℃以下であることから, 港川と京田湧水にみられる低温域に湖水が漏出している.

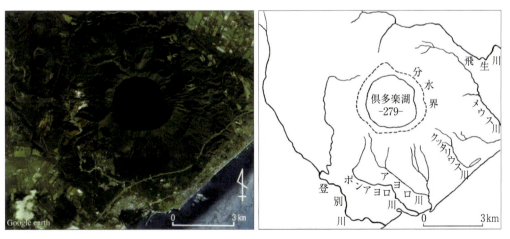

図 2-2-4　倶多楽湖とその周辺
アヨロ川の渇水流量の涵養に倶多楽湖からの湖水の漏出が寄与している.

2-3　湖水の流動と循環

　湖水の基本的な運動には，湖流，静振（せいしん），および波がある．湖流は，風に伴う吹送流（すいそうりゅう）が主要なものであり，風速の約1〜5%に相当する流速をもつ流れが湖面に発生する（図2-3-1）．湖では多くの場合，定常的な流れが認められにくく，加えて特に深層水の場合は流速がきわめて微弱であることが多い．一方，大湖においては表層にかなり明瞭な水平環流が観測される．琵琶湖に発達する最も北側の反時計回りの環流は地衡流としての性格が強く，これに随伴される形で，合計3つの環流が認められる（図2-3-2）．

　フランス語 sec "乾いた" の女性形 seiche に由来する造語である静振は，古来よりスイスとフランスの国境に位置するレマン湖において，湖岸が一定の間隔で乾いた状態になることから注目されてきた（西條，1992）．静振は，風・気圧変化・局地的豪雨・地震などにより，それぞれの湖に固有の周期で対岸との水位が交互に変化する現象であり，内部静振に伴う水温の変化，深層水の流動や貧酸素水塊の移動が，琵琶湖（岡本，1992）をはじめ，芦ノ湖や中禅寺湖，中海において観測されている（図2-3-5）．

　春季と早朝，および秋季と夕刻の季節や時間帯には，湖心と湖岸帯との熱容量の差異に基づき，湖の水温分布に4℃以上の値と4℃以下の値が同時に認められることがある．このような条件下では，最大密度の4℃の水塊が閂（かんぬき）状に挿入された状態となり，水温閂（すいおんせん）が発達する．水温閂は，湖水の運動や物質拡散の面において異なる2つの水塊の境界としての意味をもっており，湖の横断面内では，水温閂に付随する特徴的な流れの存在が考えられる．日光湯ノ湖の例のように，湖岸に温泉が湧出する湖では，冬季の結氷期に水温閂が観測される（図2-3-6）．

　湖水の停滞と循環は，鉛直方向の密度勾配によって決定される安定度に支配される．湖水の密度は，淡水湖においては水温のみの関数として取り扱って差し支えないが，汽水湖や塩湖では，溶存成分濃度が重要な役割を果たす．湖に水温成層が形成されている場合や融雪水・洪水後の濁水が流入する場合（図2-3-7），また多くの汽水湖においては，湖の表層水と流入水との密度差が特に大きいため，密度流に伴う縦断面内の環流が生じることが多い．湖への河川水の流入深度は，流入水と等しい密度の層となる（森，1975a；Mori, 1977）．

　湖の沿岸域を対象に，流域から湖に流入する地下水の動態を明らかにした例も多く，水収支の面だけでなく，湖への栄養塩の供給源として果たす地下水の役割が再評価されつつある（小林，2001）．火山地域においては，地下水を考慮に入れた流域を決定することが困難な場合が多い．日光湯ノ湖は流入水の約90%が地下水によって涵養されており，地形的分水界によって決定される湖の流域のみでは地下水涵養量の点から矛盾が多く，地表水の流域の約2倍の面積が地下水の涵養域として必要となる（新井・森，1972）．湖への地下水の寄与を水収支に基づき定量的に

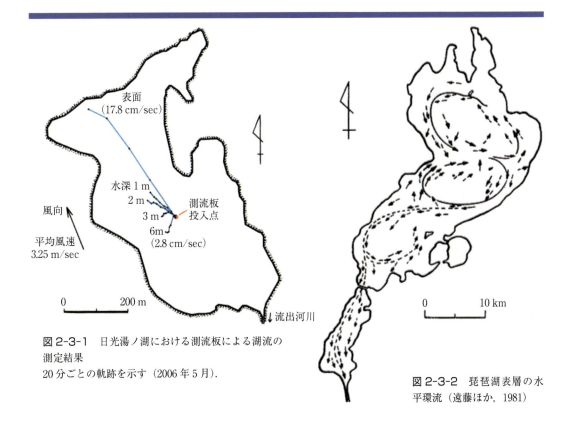

図 2-3-1 日光湯ノ湖における測流板による湖流の測定結果
20分ごとの軌跡を示す（2006年5月）.

図 2-3-2 琵琶湖表層の水平環流（遠藤ほか, 1981）

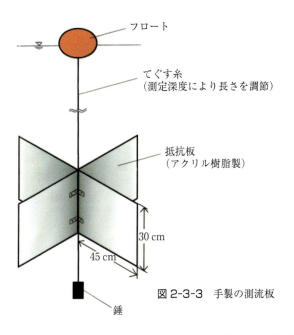

図 2-3-3 手製の測流板

図 2-3-4 測流板の組み立て作業（大浪池の調査を前に, 2004年8月）

2-3 湖水の流動と循環

把握することが重要な課題である.

　降水量が蒸発散量を上回る湿潤地域の浸透湖では，湖水は地下水漏出により失われ，池田湖やバリ島のバトゥール湖において明らかにされているように，カルデラ湖の湖水が山麓の湧水や源流域の河川水に量と質の両面で顕著な影響を及ぼす場合がある（森ほか，1990；Mori et al., 1992）．安定同位体は，地下水中に占める湖水の起源を明らかにする有効なトレーサーとして機能する．

　フィンデネグ（Ingo Findenegg：1896～1974）はオーストリアの南東部において深層水が一年中循環しない淡水湖を初めて見出し，部分循環湖と名づけ，循環しない層を停滞継続層と定義した（Findenegg, 1935）．これに対し，深層まで完全に循環する湖は全循環湖と呼ばれる．深層水の停滞が長期間にわたって継続する最大の要因は，化学成層による深層水の密度の増大が周年を通じて保持されることにあり，外来性部分循環（水月湖）・湧泉性部分循環（蔵王御釜）・生化学性部分循環（半月湖など）の3つに分類される（森，1978）．上記のような化学成層に基づく部分循環湖に加え，深い温帯湖や亜熱帯湖（たとえば池田湖）においては，暖冬の年には循環が深層まで及ばないことが指摘されている．

　深層水が長期間停滞を続ける結果として，部分循環湖の深層には無酸素層が形成され，下記に示す硫酸還元の結果として，高濃度の硫化水素が溶存している場合が多い．

$$SO_4^{2-} + 2CH_2O \longrightarrow H_2S\uparrow + 2HCO_3^-$$

　日本にみられる海水起源の部分循環湖の特性を明らかにすることは，乾燥地域における部分循環湖の性状や形成過程と比較検討する面においても興味深い．

表 2-3-1　水温の周年変化に基づく湖の分類

熱帯湖	水温が年間を通じ常に4℃以上
亜熱帯湖	水温の年較差が熱帯湖より大きく，厳冬の年には4℃以下になる
温帯湖	年最高水温が4℃以上，最低水温が4℃以下となり結氷する
亜寒帯湖	1年のうちきわめて短い期間だけ表面水温が4℃以上になる
寒帯湖	水温が年間を通じ常に4℃以下

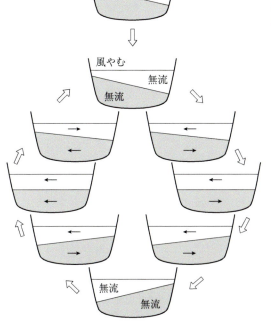

図2-3-5 内部静振の模式図（西條，1992）
水温や塩分に鉛直方向の差が認められる場合，密度の異なる表層と深層の境界面に，湖面を吹く風によって引き起こされる振動が生じる．

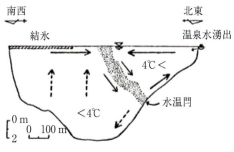

図2-3-6 日光湯ノ湖における水温閂の形成と流れの模式図（堀内ほか，1973）

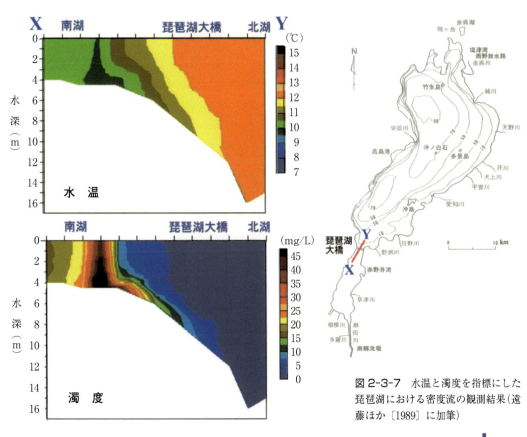

図2-3-7 水温と濁度を指標にした琵琶湖における密度流の観測結果（遠藤ほか〔1989〕に加筆）

2-3 湖水の流動と循環

2-4 水色・透明度

　湖の光学的性質を表す要素に，水色と透明度がある．湖の水色は，フォーレル・ウーレ標準色によって示される．フォーレルが1888年に考案した標準色は，硫酸銅・アンモニア水の混合溶液とクロム酸カリウム溶液との混合比に応じた1号（青）〜（緑）〜11号（黄緑色）の系列からなり，海洋でも用いられる（Wernand and Woerd, 2010）．透明度の大きな貧栄養湖では青ないし藍色に近い水色を示すのに対し，富栄養化が進むと緑から黄色へと変化する．一方，泥炭地の腐植栄養湖の水色は茶褐色を示しフォーレルの標準色にあてはまらないため，ウーレ（Willi Ule：1861〜1940）は1892年，フォーレルの標準色に硫酸コバルトとアンモニア水の混合液を配合し，11号（黄緑）〜（黄）〜21号（褐色）のウーレ標準色をつけ加えた（図2-4-1）．裏磐梯湖沼群や津軽十二湖，岩手県の松尾五色沼などには多様な水色の湖沼が分布しており（図2-4-2），湖の水色に与える要因としての溶存イオンの影響が解明されつつある（秋葉ほか，2000）．

　透明度は，セッキ（Pietro Angelo Secchi：1818〜1878）によって1865年に考案された直径30 cmの白色円板を水中に沈め，徐々に降下させていったときに見えなくなる深度と，引き上げたときに見えはじめる深度との平均値をもって表す（図2-4-4）．目視と経験に頼る調査手法とみなされがちであるが，透明度は水中の相対照度（水面の照度を100％としたときの値）が約15％に減衰する深度と一致し，さらに透明度の約2倍にあたる深度の相対照度は約1％となり，この深度は1日当たりの光合成量と呼吸量とが等しくなる補償深度に相当する．補償深度は栄養生成層と栄養分解層との境界となることから，透明度の測定は湖の生産の面でも重要な意義をもっている．透明度は，出水に伴う懸濁物質の影響を大きく受けない条件下では，植物プランクトンの現存量，すなわちクロロフィルaとの相関が高く，このため日変化・季節変化が認められる．

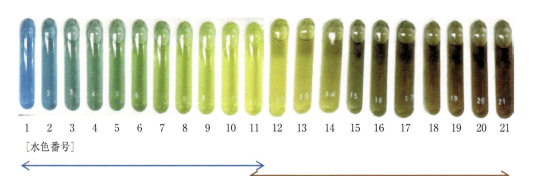

図2-4-1　水色の標準色（(株)離合社 No. 5232-A・No. 5232-B）
印刷と実物の色調とは異なる．

(a) 弁天沼　　(b) 毘沙門沼
(c) 青沼　　(d) 深泥沼
(e) 柳沼　　(f) 銅沼

図 2-4-2　さまざまな水色を見せる裏磐梯湖沼群（2009 年 5 月，八木ゆかり氏撮影）

琵琶湖や池田湖のように面積の比較的大きな湖では，透明度の値に湖面での測定位置による差が認められ，湖岸付近で小さく，湖心部では大きな値をとる傾向が認められる．小川原湖〔青森県〕やコロラド川フーヴァーダムのミード湖の例が示すとおり，出水時や融雪期に懸濁物質濃度の高い河川水が湖に流入する場合には，流入口から離れるに従って透明度は大きくなる（Anderson and Pritchard, 1951）．透明度の経年変化は富栄養化に伴う汚染の進行の適切な指標であると同時に，流入水の湖中での拡散を知る手がかりともなる．

　摩周湖で観測された透明度41.6 m（1931年8月31日，北海道水産試験場）の記録は世界第1位であったが，1950年以降は低下が進み，近年は18～28 mの範囲内にある．日本で最大深度を有する田沢湖では，1931年6月に記録された33.0 mの透明度が現在は4.0 mにすぎず（国立天文台, 2013），このように著しい透明度の低下には，酸性河川玉川の水質改善を目的として1940年1月に完成した田沢湖への導水事業が大きく影響している．前述したとおり，湖沼は本来が遷移の過程にあるが，1930年代，透明度の大きな上位10位までの世界の湖の中に日本の5つの湖がランクされていた事実は，残念ながら過去の記録となった．

図2-4-3　標準色を用いた湖上での水色の測定（2005年10月，精進湖）
水色標準色のセットを湖面直上に手で固定し，湖面の色と比較して該当する色調（号）を決定する．湖水自体に色がついているわけではなく，湖面に反射してくる色を観察する．

図2-4-4 セッキ板による透明度の測定（2005年7月，津軽十二湖王池；2006年10月，榛名湖）

2-5 水温

　水温と溶存成分を指標に水の挙動を明らかにしようとする試みは，地下水や河川を対象とする場合に比較し，湖沼における解明の事例が際立って多い．これは，以下の3点の理由によるものと考えられる．その第一は，特に温帯湖においては，時間（周年変化）と空間（鉛直方向）の両面で，湖水の理化学的性状に顕著な変化が認められることにある．第二は，湖水の循環と停滞が密度勾配によって支配されることから，水温によって水の密度がほぼ決定される淡水湖では，湖水の流動と水温の関係をより明確にとらえることができるためである．第三に，湖水の水温・水質（pH，溶存酸素，硫化水素，クロロフィルaなど）の垂直分布や透明度には，湖内部における物質の生産と分解に関連し，測定項目相互の間に密接な関連性がみられる点があげられる．

　湖水の循環と停滞に関する考察は，従来，水温の周年変化の観点から論じられることが多かった（たとえば，大八木，2005）．淡水湖においては上記のように，湖水の密度と水温が一義的な関係にあると考えて差し支えないため，夏季に形成された水温成層が徐々に消失し，湖が全層にわたり等温となる時期（温帯湖においては春季と秋季，亜熱帯湖においては冬季）には鉛直方向の密度勾配が小さくなる結果，表水層の冷却に伴って生じる対流や擾動によって湖水の混合が生じ，湖水は循環期の様相を呈する（佐藤，2007）．水温は湖水の循環のみならず，生産や物質循環を支配する最も基本的な要素であり，温帯湖・亜熱帯湖の夏季における水温の垂直分布は，水温躍層によって特徴づけられる（新井，2007）（図2-5-1）．水温成層は表水層・変水層・深水層の3つの層に分けられ，湖底付近では一般に，最大密度の水温4℃に近づく．水温躍層は風に伴って生じる表層水の乱れが及ぶ下限にあたり，安定度が大きく，水温だけでなく水質の垂直分布にも大きな違いが認められる．水温躍層の深度は，湖の吹送距離との相関が高いことが認められている（堀内，1959；新井，1964）．

　温帯湖における水温の垂直分布の周年変化は，夏季に水温成層が正列，冬季に逆列となることが特徴である．深層水温は年間を通じて最大密度の約4℃を示し，ほとんど変化がなく（図2-5-2），年最高水温が出現する時期は，深度を増すにつれて次第に遅れることがわかる．水温は湖水の循環・停滞と密接に関連し，水温の季節変化の特徴から，温帯湖は春季全循環期，夏季停滞期・部分循環期，秋季全循環期，冬季停滞期・部分循環期に区分される．琵琶湖における水温の水平分布には，すでに述べた表層の水平環流をよく反映する結果が示されており，最も北側に認められる第一環流の厚さは約15mに及んでいる（岡本，1968）．

　淡水湖と異なり，汽水湖や塩湖では溶存成分濃度が湖水の密度に大きく作用するため，中温層（貝池）や中冷層，乱温層（弥六沼）が形成される場合が多い（Watanabe *et al.*, 2000；渡辺・堀内，2000）．

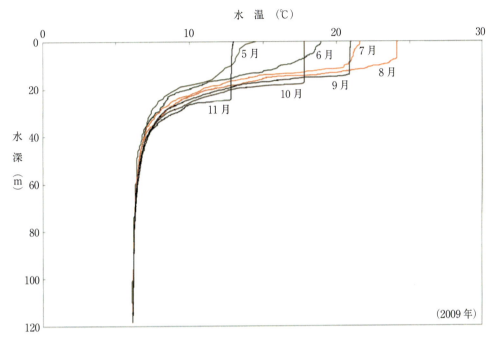

図 2-5-1　本栖湖における水温垂直分布の季節変化（大八木・濱田，2010）

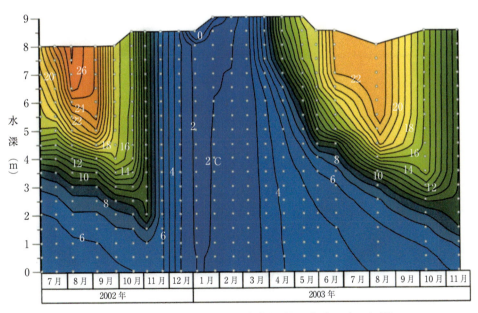

図 2-5-2　涌池における水温の周年変化（大八木〔2005〕に加筆）
水位変動を考慮し，湖底を 0 として水深を表示してある．

2-5　水　温

2-6 水　　　質

《pH・溶存酸素》

　湖水のpHの範囲は，草津白根湯釜の0.6の記録から，ケニアの大地溝帯に位置するナクル湖（湖面積40 km^2，最大水深2.8 m）の12にまで及ぶ（堀内，1968）．日本の湖の最大の特徴は強酸性湖の存在であり，pHは火山活動に起因して著しく変動する場合が多い．強酸性湖の分布はこのほか，泥炭中の有機酸や硫化鉄に由来する湿原，および鉱山廃水の影響を受ける湖にもみられる（佐竹，1984）．対照的に，ほぼ赤道直下のナクル湖は，炭酸ナトリウムを高濃度に溶存するアルカリ栄養湖の代表的な例であり，湖岸に繁茂する藻類を餌とするフラミンゴが多数生息する景観を呈する．

　pHの季節変化と経年変化，ならびに垂直変化の湖による差異は，湖水の緩衝作用の大きさに関係する．Ca^{2+}は緩衝作用に大きな影響を及ぼす溶存成分であり，石灰岩の分布地域が限定される日本の国土では湖水の緩衝作用が比較的小さく，pHの変化の大きい点が特色である．これに対し，大陸ではCa^{2+}濃度が高く緩衝作用が大きいため，湖水のpHの変化は小さい．湖水のpHは初夏には特に表層においてアルカリ性に傾き，水温の上昇に伴い光合成が活発に行われることを示している．このように，植物プランクトン・水生植物の光合成によって二酸化炭素が消費されてpHの上昇が起こるが，同時に湖水中の炭酸塩が二酸化炭素の減少に対する緩衝作用として機能する結果，pHの変化を小さく抑える効果がある．

　湖水中の溶存酸素は，光合成と呼吸，および有機物の分解に左右され，その分布は湖水の停滞・循環とも密接に関連する．溶存酸素とpHの周年変化には，相互に対応する顕著な季節的特徴が認められ，温帯湖では，溶存酸素が10月から3月までは上下一様であるのに対し，4月から9月までは成層し，特に夏季には変水層以深で飽和度が低く，湖底付近ではほぼ無酸素に近い状態が形成される（図2-6-1）．秋季の全循環期以降，春季までは，全層一様で過飽和の状態が続く．

　貧栄養湖においては湖の生産力が小さく，深水層における酸素の消費が少ないため，溶存酸素の垂直分布に大きな差がなく，全層ほぼ飽和に近い状態が維持されている．これに対し富栄養湖では植物プランクトンの活動が大きいため，表層においてしばしば過飽和となるのに対し，深層では有機物の分解に酸素が消費され，溶存酸素の飽和度は低くなるのが特徴である．このような点から，溶存酸素は湖の汚染の進行を知る1つの指標となり，深層水における貧酸素水塊の形成は，富栄養化の過程をよく物語っている（沖野，2002）．

　海水が直接あるいは間接に湖に侵入している汽水湖においては，深層に厚い無酸素層が形成される場合が多い．このような還元環境の下では，高濃度の硫化水素が観測され〔春採湖〔釧路市〕，水月湖，ビッグ・ソーダ・レイク〔合衆国ネヴァダ州〕など〕，湖水の循環は表層のみに限られ，

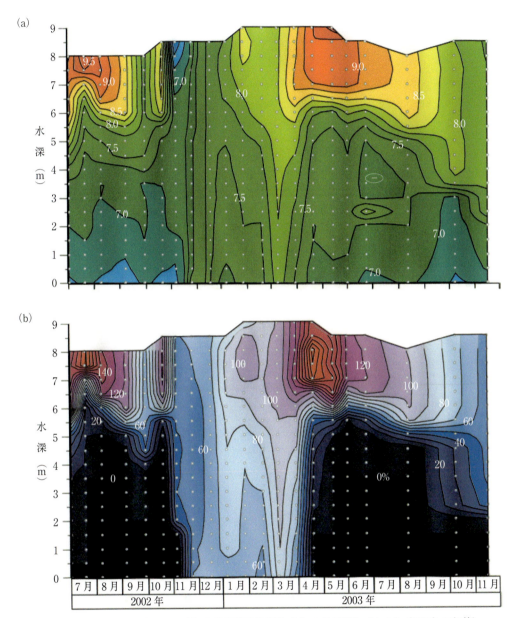

図 2-6-1　涌池における pH（a）と溶存酸素飽和度（b）の周年変化（大八木〔2005〕に加筆）

部分循環湖となる例が多い．

《塩　　　分》

　湖沼は塩分 0.5‰（≒500 mg/L）を境に淡水湖と塩湖に区分される．海水と河川水が互いに影響しあうような水域，たとえば潟湖（せきこ）や入江，潮入り河川などでは，塩分は両水塊の混合比に応じて空間的にも時間的にも広い範囲にわたり分布する．汽水湖の多くは砂嘴・砂州や沿岸州によって内湾が外海から切り離されたものであり，1カ所または複数の潮口（湖口）を通して，湖水と外海水との間の交流が行われる．汽水湖における表面水の塩化物イオン濃度の分布には，外海からもたらされる海水が河川水によって希釈される分布傾向が認められ，海水の遡上が塩化物イオン濃度の水平分布を大きく支配する（森，1975b）．湖水の溶存イオン濃度の水平分布には，吹送流による拡散や湖盆形態が影響を及ぼす場合もある（図 2-6-2〔上〕）．

　塩水と淡水の中間的な塩分を示し，一般には海水が希釈された状態の水を汽水と呼ぶ．湖水の塩分が通常の淡水より高い場合でも，火山地域にみられるような海水起源とは異なる例（裏磐梯川上青沼，蔵王御釜など）は汽水湖の範疇（はんちゅう）に含まない．自然界の水は塩分により，淡水・汽水・塩水・鹹（かん）水の 4 段階に分類される．これらの分類にあたって基準となる塩分をどのように定めるか，特に汽水の下限と上限の値については，個々の水域に最も適合する数値が提唱されてきたこともあり，必ずしも明確にされているとはいえなかった（森，1982）．この理由として考えられることの 1 つに，従来，陸水生物学的な観点からのとらえ方が主であったことがあげられる．淡水プランクトンの生存範囲や海洋プランクトンの淡水への侵入範囲には画然とした境界があることから，水中の生物相は塩分に応じて明確に変化し，生物群集の特徴に基づいて汽水の定義が試みられてきた経緯が一因である．一方，すでに 1958 年にヴェネツィアで開催された「汽水の分類に関する国際シンポジウム」において，塩分に基づき細分化された水域の分類が以後広く用いられるよう提唱された（IAL, 1959）．これによれば，淡水と汽水，および汽水と塩水の境界をそれぞれ塩分 0.5‰，30‰とするのが適切であり，このような塩分の幅の広さからもわかるように，汽水湖においては多様な環境要素と生態系の変動を把握することが特に重要である．

　サロマ湖では，かつては砂州の東端に湖口があったが，湖水の交換をさらに活発にする目的で，1929 年に新たな湖口が人工的に開削された歴史がある．浜名湖はかつて，湾口が砂州によって完全に閉鎖され，内湾であった当時の海水が希釈されほとんど淡水に近い状態を示していたが，1498 年と 1510 年の 2 回の大地震によって湖口が新たに形成されたため，以来再び汽水湖となった．水月湖は，本来は淡水の浸透湖であったが，湖岸集落の水害を軽減する目的で湖水を流出させるための水路と隧道が開削されたことにより，人工的に汽水湖に変貌した例である．汽水湖では，塩化物イオン濃度の垂直分布から明らかなように安定な密度成層が形成されており，流入塩水は拡散を伴いつつ，湖の等密度層へと侵入する．化学躍層以深では，湖底まで溶存成分濃度に大きな差は認められない（Mori, 1976；森，1980）．

　蒸発散量が降水量を上回る乾燥気候のもとでは，地表水の流出も地下水による漏出も生じない閉塞湖が形成され，湖水は濃縮されて塩湖となる（図 2-6-3）．沙漠の内陸盆地では，平坦な窪地が豪雨の後に一時的に湛水し，プラヤと呼ばれる浅い塩湖を形成することがある．

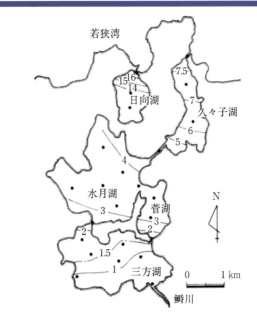

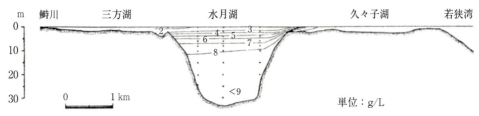

図 2-6-2　三方五湖における塩化物イオン濃度の分布（森，1980）

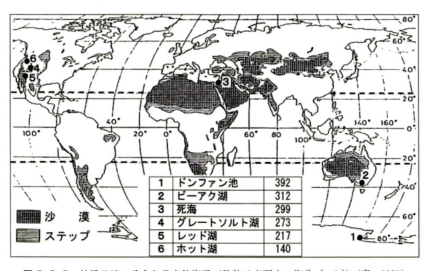

図 2-6-3　乾燥地域の分布と代表的塩湖（数値は表面水の塩分〔g/L〕）（森，1981）

2-7 湖底堆積物

　湖底堆積物は，陸上や海底の堆積物と比較し，閉鎖的で静かな堆積環境の下で形成されることから，堆積後の二次的な変化を被りにくい利点を有している．この点において，湖底堆積物の柱状試料には，単に湖が辿ってきた歴史にとどまらず，地球規模の環境変化を解明する貴重な鍵が残されているといえる（Horie, 1991）．古環境の復元にとって重要な分析項目に，粒度と花粉がある．
　気候の基本的な要素が乾湿と寒暖にあるととらえれば，湖底堆積物の粒度組成からは，過去の降水量の相対的な変化を推定することが可能である（図2-7-1）．多雨の年には出水の頻度が増すことに伴い，湖への流入河川によって粒度の粗い土砂が湖中に堆積すると考えられることがその理由である（Mori and Horie, 1980）．一方，気候の最も忠実な反映は植生の差異にあることから，湖底堆積物中に残されている花粉の種を同定し，たとえば現在は高地でしかみられない樹種が平地でも生えていた過去の寒冷な時期を推定することができる（図2-7-2）．
　湖底堆積物の柱状資料を用いた上記のような古環境の復元作業において，欠かすことのできない項目が堆積速度の算定である．湖沼の堆積速度は，^{14}Cに代表される放射性同位元素による堆積物の年代決定，および火山噴出物（火山灰・浮石）や出水に伴う土砂を鍵層とする手法によって明らかにされる．堆積速度にかかわる要素には，湖の生産力，河川の流入量をはじめ，湖面積に対する流域面積の比，流域の地形・地質，湖盆形態などがあり，日本の湖で測定された堆積速度は，$10^{-1} \sim 10^{1}$ mm/年の桁にある．
　琵琶湖湖底の柱状試料の花粉分析から推定された更新世中期以降の寒暖の変化からは第四紀に地球規模で襲来した氷期，また逆に，最終氷期の終了後に到来した縄文海進期の温暖な時期が明らかとなった．柱状試料の有機炭素濃度が上昇する深度は，樹木が繁茂した温暖な時期に相当する．
　有機質の堆積物は，主としてケイ藻やプランクトンの遺骸からなる骸泥，底層が無酸素となる汽水湖や火山湖にみられる腐泥，泥炭地の湖沼にみられる腐植泥に分類される．湖底堆積物表層の粒径の水平分布から湖流の長期的な流向をとらえる試みも行われており，仁科三湖の1つである木崎湖においては，湖底表層の堆積物の中央粒径が湖岸から遠ざかるにつれて次第に小さくなる傾向が認められる．堆積物の粒径分布にみられるこのような特徴は，湖へ流入する外来起源の堆積物が湖流によって淘汰され，粒径の小さい堆積物ほど湖心へと運搬されるためである．
　三方五湖の水月湖で得られた湖底堆積物の柱状試料中に含まれるホウ素の垂直分布からは，湖が人工的に汽水化した年代を読み取ることができる．ホウ素は，堆積物が海成もしくは汽水成であるか否かを判断する指標として有効で，^{14}Cによる柱状試料の年代決定の結果から換算すると，ホウ素の濃度が上昇する深度に当たる時期は水月湖と日本海を連絡する人工的な水路が1664年に開削されたことによって湖が淡水湖から汽水湖へと理化学的特性を一変させた年代に相当する（Matsuyama, 1974）．人工的な汽水化の事実が湖底堆積物に残されている好例である．

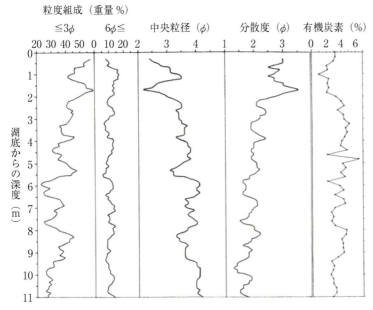

図 2-7-1　三方湖における湖底堆積物柱状試料の粒度と有機炭素濃度の分布（Mori and Horie, 1980）

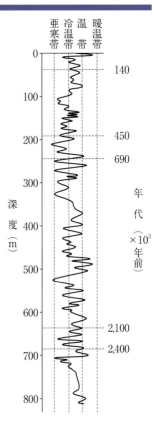

図 2-7-2　琵琶湖における湖底堆積物柱状試料の花粉分析に基づく古気候の復元（藤〔1988〕に加筆）

図 2-7-3　安田喜憲氏らが水月湖で湖底堆積物"年縞"を最初に見つけた時のボーリング風景（安田喜憲氏提供，1991 年，上野　晃氏撮影）

図 2-7-4　琵琶湖湖底堆積物の柱状試料（Horie, 2002）

2-7　湖底堆積物

2-8 生産と湖沼型

　栄養塩類・二酸化炭素などの無機物から有機物への合成の過程は，植物や光合成細菌が太陽エネルギーによって湖面の下で繰り広げる作用であり，加えて一部の化学合成細菌も有機物の合成を行う．生物界全体の有機物生産の基礎を担うこれらを総称して基礎生産と呼ぶ（日本陸水学会，2006）．湖の生態系には食物連鎖のピラミッドが構成されており，生産に関する栄養塩の調和がとれている湖を調和型湖沼，これに対し，湖水中の栄養塩に偏りがあり生産に害のある要素が含まれる湖を非調和型湖沼と分類する．

　調和型湖沼は，栄養塩（P, N）の濃度が比較的低く生産量の小さい貧栄養湖の段階に始まり，中栄養湖を経て富栄養湖へと遷移する（図2-8-1）．富栄養化がさらに進み，中には過栄養湖と称される湖も出現し，埋積の進行によって湿原・草原，究極的には森林へと推移する．非調和型湖沼は，腐植物質が多く含まれ栄養塩濃度の低い腐植栄養湖，生産量が小さく強酸性を示す火山性や湿地性の酸栄養湖，炭酸塩の溶存濃度の高いアルカリ栄養湖，沈殿物に高濃度の鉄が含まれる鉄栄養湖などにさらに細分され，高層湿原へと遷移していく．

　湖は，流入河川から運搬される外来性の堆積物，および湖の内部で生産される自生性の物質によって埋積が進行し，湖としての一生を終える．その過程は一般に，湖沼型の遷移として調和型湖沼がとる富栄養化の変化を辿るが，栄養塩の調和を破るような物質の湖への流入がある場合，もしくは富栄養化の進行を妨げるような外的条件が加わる場合には，高緯度地域や高地に多くみられるように，貧栄養湖・中栄養湖から腐植栄養湖を経て高層湿原へと変移する．

　富栄養化，特に人為的な水質変化の進行を抑制する対策としては，生活廃水・工業廃水の適正な処理に加え，湖への流入地点を特定化しにくい非特定汚染源としての農業排水の管理，および土壌侵食を抑えるための流域の総合管理が課題である．1984年に第1回世界湖沼環境会議が大津市で開催されたのを機に「湖沼水質保全特別措置法」が施行され，2005年には「湖沼環境保全制度の在り方について」の答申が中央環境審議会よりなされた．これによれば，今後推進すべき施策として，非特定汚染源の対策，および自然浄化機能の活用が特に重要であり，加えて，特定汚染源についても，総合的な計画に基づいて展開し，適切に評価する必要性が指摘された．具体的には，非特定汚染源対策の推進として，市街地における雨水の地下浸透・貯留の促進，農地における水管理と施肥の適正化による流出負荷の低減があげられる．自然浄化機能の活用の推進としては，窒素・リンを吸収する水生植物の浄化機能を進めるため，植生を保全する必要性の高い湖岸地区の指定，自然浄化機能を損なうおそれのある行為の制限などがある．さらに，汚濁負荷を適切に把握するモニタリングを整備するとともに，地域住民にわかりやすい水質指標の設定が必要である．

貧栄養湖：本栖湖（容積 $319\times10^6\,\mathrm{m}^3$），2008 年 12 月

中栄養湖：河口湖（容積 $53\times10^6\,\mathrm{m}^3$），2010 年 11 月

富栄養湖：精進湖（容積 $3.6\times10^6\,\mathrm{m}^3$），2010 年 11 月

図 2-8-1　栄養段階の異なる湖沼の例（大八木英夫氏撮影）

第Ⅱ部　日本の湖沼環境

第1章 ● 北海道

1-1 サロマ湖

―― オホーツク海に面した広大な汽水湖

　サロマ湖は，北海道の北東部，オホーツク海に面して位置する．佐呂間湖と漢字で書かれることもあるが，一般にはカタカナで表記される．この名称はアイヌ語に由来し，サル，オマ，トー（ヨシ原，ある，湖），あるいはサラオ，マッペ（ヨシのはえる場所）の意味といわれる．成因は，砂州の発達によって外海と切り離された潟湖（ラグーン）が次第に淡水化したもの，すなわち海跡湖である（北海道環境科学研究センター，2005）．今から約1万年以上前は，現在よりもかなり海水位が低く，現在のサロマ湖周辺地域には低湿地が広がっていた．その後，約6000年前の縄文時代前期には気候が温暖となり海水位が上昇し，古サロマ湾とトコロ湾という2つの湾となった．これらの湾は，砂州の発達により2つの湖からなる古サロマ湖に変化した．2つの湖は，侵食や水位差などから通水するようになり，約1000年前にほぼ現在と同じ形状となったとされる．自然状態でのサロマ湖は，秋になると漂砂のために湖口が閉じ，翌春の融雪期に湖水位の上昇によって湖口が開くといったことが繰り返されていたと考えられている．湖と外海とを隔てている砂州は，長さ約25 km，幅0.13～1.6 km，標高3～16 mである．この砂州の西に，1929年に人工的な湖口が掘削されて年間を通じて海水が交流するようになった．東側にあった自然の湖口は閉塞したまま現在に至っている．掘削された湖口は，現湖口と呼ばれて，外海への航路としても利用されている．また，1979年には，東側にも新たに第2湖口が掘削された．

　湖面標高は0 m，最大水深20.0 m，平均水深8.7 m，湖面積150.29 km^2，集水域面積（湖面積を除く）870.4 km^2，容積1.3 km^3，湖岸線延長86.7 km，長径25.4 kmである．湖面積は，琵琶湖，霞ヶ浦に次いで日本第3位である．流入河川は佐呂間別川，トカロチ川，床丹川などである．

　水温は，夏季の表層で21～23℃，深層で20℃，弱い水温成層がみられる．冬季は，12月末から4月初めまで結氷する．水質は，pHが8.2～8.5でほぼ海水の値である．溶存酸素量は概ね100％であるが，夏季の深層ではかなり減少することもあり，変動が大きい（環境庁，1993）．CODは，1～2 mg/L程度であるが，4～6 mg/Lといった高い値が観測されることもある．全窒素は，1990年7月では0.16 mg/L，全リンは0.017 mg/Lであった．透明度は6～9 mで水域によって異なり季節変動も大きい．塩分濃度は，淡水が大量に流入する融雪期や大雨出水時を除き，31～33‰と海水とほぼ同じ値となっており，プランクトンもほとんどが海水種で，富栄養湖に分類されている．魚類は，かつてはコイやウグイなどの淡水種が棲息したが，現在ではほとんどが海水種である．漁獲量では，養殖ホタテが最も多く，次いで養殖カキ，ホッカイエビなどがある．湖周辺では，縄文時代の遺跡やオホーツク文化，アイヌ文化に関連する遺物が大量に発掘されている．また，外海と湖を隔てている砂州は貴重な植物の宝庫であり，キムアネップ岬付近にあるアッケシソウの大群落は，秋には赤く染まる．このためアッケシソウはサンゴ草とも呼ばれている．

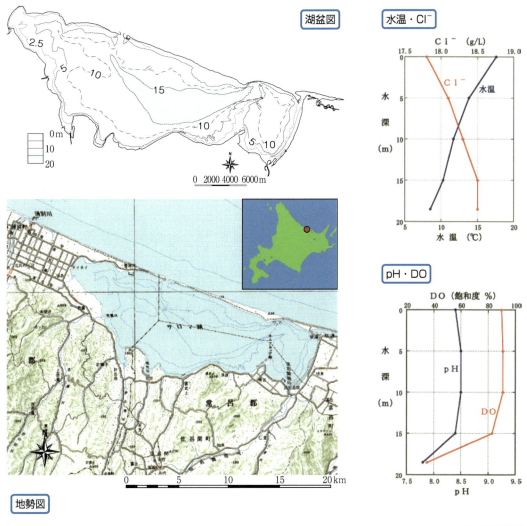

湖盆図

水温・Cl⁻

pH・DO

地勢図

サロマ湖とオホーツク海（2010年，嘉野寿成氏撮影）

1-1 サロマ湖

1-2 網 走 湖

——深層に海水が侵入するため二層構造をもつ

網走湖は，北海道東部，網走市の市街地より南西約5kmに位置する．網走川の最下流部にあたり，河口からの距離は約7kmである．今から約1万～2万年前，現在の湖周辺は網走川の河谷であり湿地が分布していたと考えられている．約6000年前には気候の温暖化により海水が侵入し，入り江ができた．その後，海退や地盤上昇，網走川などによる埋積によって海と切り離され，約1200年前に現在のような形になったと考えられる．そのため海跡湖に分類され，深層には海水の侵入がみられる典型的な汽水湖である．

湖面標高は0m，最大水深16.8m，平均水深6.1m，湖面積32.87 km^2，集水域面積（湖面積を除く）1333 km^2，容積0.24 km^3，湖岸線延長39.20km，長径12.0kmである．おもな流入河川は網走川で，女満別川，トマップ川などの小河川が流入する．流出河川は網走川で，オホーツク海に注いでいる．平均滞留時間は約0.42年（153日）と推定されている（国立環境研究所，2000）．

水温は，夏季の表層で24～25℃，深層で7～8℃．水深5～8mにきわめて顕著な水温躍層がみられる．冬季は，12月中旬から3月末まで結氷する．水質は，pHが夏季の表層で8.2～8.6，深層で7.0程度であるが，結氷下の表層は6.8～7.0とほぼ中性である．また，深層でも海水が侵入したときには，7.8～8.5とアルカリ性になる．溶存酸素量は，表層と深層でまったく異なる．表層の淡水層では概ね100%であるが，深層の塩水層では無酸素状態となっている．すなわち，水温分布と同様，塩水と淡水の境界（塩淡境界）で水質も著しく変化している．なお，表層でも結氷下では50～70%に低下する．CODは，表層で6.0～7.0 mg/L，深層では40～70 mg/Lと高い値が観測されているが，深層での値は還元状態によるもので必ずしも有機物量が多いことを示すものではない．全窒素は，表層で0.6～0.7 mg/L，深層では6～12 mg/L，全リンは表層で0.047 mg/L程度であるが，深層では1.5～2.3 mg/Lと高濃度である．透明度は0.4～3.0mで水域によっても季節によっても変動する．塩分濃度もまた，塩淡境界で著しく変化する．水深約5mまでは低く淡水に近いが，7mより深い部分では20‰前後と非常に高くなっている．すなわち，湖水は密度差に起因する二層構造をなす．この塩淡境界は，古くから同じ深度にあったわけではない．1920年ごろは水深16m付近にあり，湖水はほとんど淡水であった．ところが徐々に上昇し，1955年ごろには8m付近となった．その後は変動を繰り返していたが，1970年代半ばから再び上昇し，1980年ごろには5～6mと浅いところにみられた．近年は7～8mで落ち着いているが，わずか数10年の間に境界面は8～9mも上昇し，それに伴って深層に大量の海水が侵入したことになる．プランクトンはラン藻類が多く，湖は富栄養湖に分類される．また，アオコや青潮がたびたび発生している．魚類は，ワカサギ，コイ，フナなどの淡水種のほか海水種もみられる．また，タンチョウ（鳥）やアオサギの棲息地でもある．

湖盆図

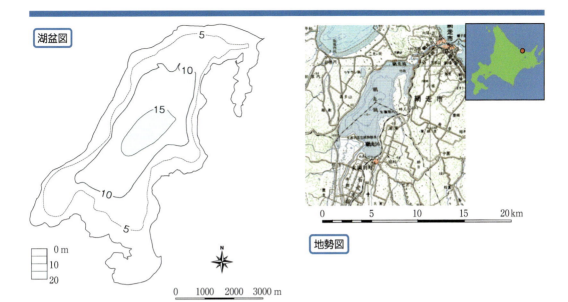

地勢図

水温・電気伝導度

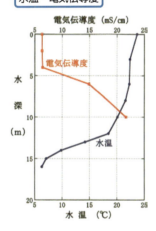

pH・DO

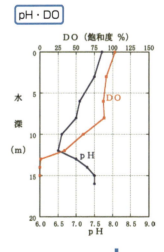

（2010年，嘉野寿成氏撮影）

1-3 摩周湖

―― 霧の中で神秘的な深い藍色の水をたたえる

　摩周湖は，北海道東部，阿寒国立公園内に位置し，特別保護地域に指定されている．摩周火山のカルデラに湛水した典型的なカルデラ湖である．周囲はカルデラ壁の急峻な崖で囲まれ，深い藍色の水をたたえている．よく霧が発生し，特に夏の期間は湖面が見られないことも多い．摩周火山は屈斜路カルデラの東端部にあり，約2万年前に形成されたと考えられている．その後，約8000年前に多量の軽石流の噴出に伴って摩周カルデラができた．さらに，4000～1000年前に中央火口丘であるカムイヌプリ山（摩周岳）とカムイシュ山（湖内の小島）が噴出し，ほぼ現在の形になったのは1500～1000年前とされる．湖底に水温の高い湧水があり，また湖底から放出される地熱の量が大きい．

　湖面標高は355 m，最大水深211.5 m，平均水深137.5 m，湖面積19.11 km^2，集水域面積（湖面積を除く）約32.4 km^2，容積2.86 km^3，湖岸線延長19.8 km，長径6.7 kmである．最大水深は，日本第5位である．流入河川も流出河川もないので湖の水収支を考えると，流入は湖面への降雨と集水域からの流入，流出は蒸発と地下水流出でバランスがとれていることになる．湖水位は安定しているが，近年の観測では1 m程度の水位変動があることが報告されている．降水量や蒸発量から概算した平均流入量は0.45 m^3/secで，湖水の平均滞留時間は約200年と推定されている．摩周火山の周辺には湖水起源とされる湧水があり，代表的なものは湖の南東約8 kmに位置する北海道区水産研究所虹別さけます事業所付近の湧水である．湧出量は冬季にはかなり少なくなるものの約2 m^3/secもあり，その起源がすべて摩周湖にあるとは考えにくい．

　水温は，夏季の表層で約20℃，深層で約3.8℃で水温躍層は10～20 mにある．冬季には結氷するが，最近はまったく結氷しないこともある．水質は，pHが表層で7.0～8.0，深層で6.0～7.0である．溶存酸素量は，表層でほぼ100%である．CODは，これまで観測された最も大きい値が0.9 mg/Lできわめて小さい．全窒素は，0.02～0.11 mg/L，全リンは0.001～0.003 mg/Lである．透明度は1930年に41.6 mを記録し，世界一の透明度としてこの湖を世界的に有名にした．しかし，現在では，20 mを下回ることが多くなった（自然公園財団，2010）．プランクトンは，種類，数ともにきわめて少ない．魚類はもともと棲息していなかったが，1926年にニジマスが移植され，1968年にはヒメマスが放流されている．

　摩周湖の湖岸は急峻な崖であり，しかも特別保護地区に指定されているために，一般の人は湖岸に近づくことができず，集水域からの汚濁負荷がきわめて少ないので，湖水中の微量の化学物質は大気を経由して流入した地球規模の環境汚染によるものとみることができ，1994年に地球環境監視システムのベースモニタリング地点に選ばれた．

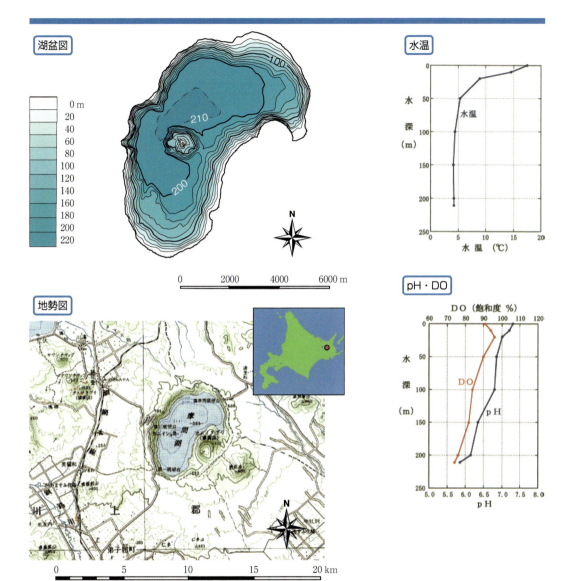

霧が晴れた摩周湖（堀内清司氏撮影）

熱容量が大きく,全面結氷することはない（堀内清司氏撮影）

1-3 摩 周 湖

1-4 屈斜路湖

――御神渡り現象がみられる日本最大のカルデラ湖

　屈斜路湖は，北海道東部，阿寒国立公園内に位置する．屈斜路カルデラの中に湛水したカルデラ湖である．屈斜路とは，アイヌ語の「クッ，チャロ」（喉，口）が語源で，湖水が川となって流出する場所を意味する．屈斜路カルデラは，東西約26 km，南北約20 kmで，九州の阿蘇カルデラとともに日本最大級のカルデラである．この周辺の火山活動は，約100万年前に始まり，数十万年前に藻琴山（1,000 m）サマッカリヌプリ（974 m），コトニヌプリ（920 m）などの火山が形成された．その後，約12万年前までに最大級の噴火があり，屈斜路湖カルデラができたとされている．このカルデラ内に湛水した古屈斜路湖は，面積が現在の2倍ほどありほぼ円形の湖であったと考えられる．約3万年以降，アトサヌプリ（別名，硫黄山）火山群，和琴半島のオヤコツ溶岩ドーム，湖に浮かぶ中島火山などの溶岩円頂丘が次々と形成され，湖の形状はほぼ現在の形となった．和琴半島は，湖に浮かぶ島であったが湖岸から延びた砂州によって陸繋島となったものである．また，中島は面積5.7 km^2，周囲12 kmで，湖の中にある島としては日本で最も大きい．

　湖面標高は121 m，最大水深117.0 m，平均水深28.4 m，湖面積79.48 km^2，集水域面積（湖面積を除く）約230.6 km^2，容積2.2 km^3，湖岸線延長56.80 km，長径14.0 kmである（環境庁，1993）．湖底は水深40〜50 mで広がり，平均水深はそれほど大きくない．南域に爆裂火口があることにより急に深くなり，最大深度が100 mを超えている．流入河川は北東部にウグイ川，アトサヌプリ付近に源を発する強酸性の湯川，北西部にシケレペンベツ川，南部に尾札部川などで，いずれも小河川である．流出河川は南部の釧路川で，釧路湿原を経て太平洋に注いでいる．

　水温は，夏季の表層で約24℃，水深100 mで5.8℃，水温躍層は10〜20 mにある．冬季には結氷して諏訪湖と同様の御神渡り現象がみられる．水質は，pHが大きな変動をしたことで知られる．1929年に表層で4.9〜5.1という強酸性を観測し，これは北東岸に流入する湯川（pH 2.2）の影響であるとされたが，その後一時的にさらに酸性化した．1968年に4.0が報告されたが，1987年に7.3，1991年に6.4〜6.9である．深層でもあまり変化がない．溶存酸素量は，表層ではほぼ100%，深層でもあまり減少しない．CODは，1.1〜1.8 mg/L，全窒素は，0.14 mg/L，全リンは0.004 mg/Lであり，これまで酸栄養湖とされてきたが，pHが中性となったことから貧栄養湖に分類される．透明度は1934年に22.5 mを観測したが変動が大きく，1979年に2.8 m，1985年8.0 m，1991年6.0 mが観測されている．プランクトンは，かつては種類，数ともに多かったとされるが，湖が酸性化した時代は激減した．魚類もかつてはアメマス，イトウなどが棲息したが，酸性化時に激減し，現在は，ウグイや放流されたニジマスなどがみられる．直径が2〜7 cmほどの褐色で球形をしたマリゴケが生育し，オオハクチョウの越冬地として知られる．

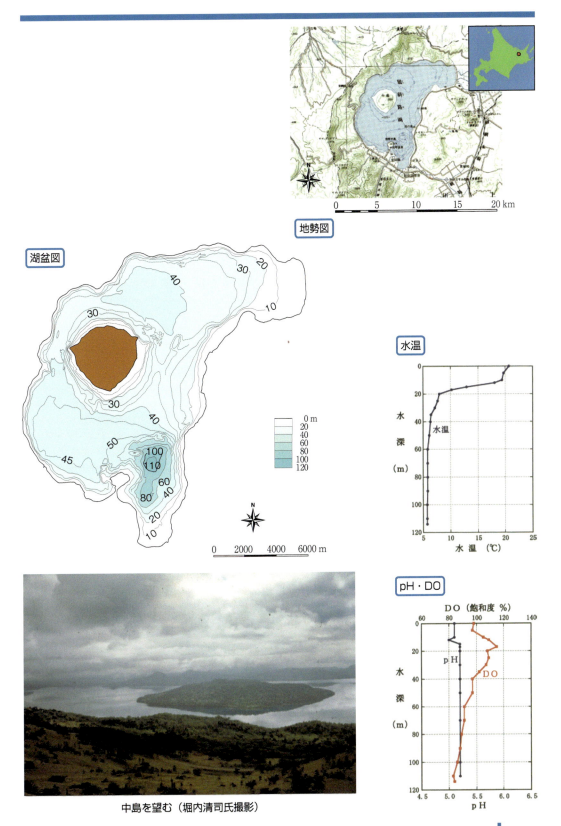

中島を望む（堀内清司氏撮影）

1-5 阿 寒 湖

―― 特別天然記念物マリモが生育

　阿寒湖は，北海道東部，阿寒国立公園の阿寒カルデラ内に位置するカルデラ湖である．阿寒カルデラは，約15万年前の火山活動によって形成され，カルデラ内には古阿寒湖と呼ばれる大きな湖があった．その後の火山活動によって古阿寒湖は大部分が埋め立てられ，カルデラ内の水は南部の阿寒川によって流出していた．さらに，雄阿寒岳が活動を開始したことによって前阿寒湖が形成され，数千年前に流出した溶岩や地盤の隆起によって前阿寒湖が現在の阿寒湖とペンケトー，パンケトーに分離した．湖内には，チュウルイ島など4つの島がある．

　湖面標高は420 m，最大水深45 m，平均水深17.8 m，湖面積13.0 km^2，集水域面積（湖面積を除く）約148 km^2，容積0.25 km^3，湖岸線延長25.9 km，長径7.0 km．おもな流入河川は，北東ないし北からイベシベツ，キネタンペ，西からはシリコマベツ，南からはキネチャウスなどの各川である．イベシベツ川の流量は，全河川流入量の2/3程度であり，平均で約2.5 m^3/secである．流出河川は，南東部の阿寒川のみであり，阿寒川は約50 km流下して太平洋に注いでいる．集水域が広く湖の容積がそれほど大きくないため，湖水の平均滞留時間は約1.41年と短い．

　水温は，夏季の表層で約20℃，深層では6～8℃である．秋季の循環期を経て，12月の中～下旬に結氷し，深層の水温は約4℃で逆列成層している．結氷した湖面には，凍結しないか凍結していても氷の薄い場所があり，湧壺（湯壺）と呼ばれている．湧壺の平均直径は1～6 mで湖底からの温泉など火山性の熱源によるものである．また，沖合の湧壺は水深が20 m以上のところにあるものもあり，これは湖底から上昇する気泡による湖水の対流によるものと考えられている．なお，湖岸にはボッケと呼ばれる小噴気口があり，穴の底土からボコボコと水蒸気や硫化水素臭のする高温ガスを噴出している．水質は，表層のpHが平均で7.7，夏季には8.5程度になることもあるが，深層は7.0以下であり躍層がみられる．溶存酸素は，表層では飽和状態であるが，夏から秋にかけて深層では著しい低下がみられる．CODはかつて低い値であったが，1960年代以降は2～3 mg/Lとやや高い値となっている．全窒素は0.3 mg/L程度で推移しており，ときおり高い数値が観測されることもある．全リンは，かつては0.4 mg/Lを超えたこともあったが，近年は低い値となっている．富栄養湖に分類されるが，公共下水道の整備や底泥浚渫などの浄化対策が実施されていることもあり水質改善が進みつつある．透明度は1930年代までは7～9 mであったが，1996～97年の平均では約3.8 mである．プランクトンは種類，数ともに多い．魚類もヒメマス，ニジマス，イトウ，ワカサギなど種類，数ともに豊富である．藻類として，有名なマリモが生育し国の特別天然記念物に指定されている．また，2005年にラムサール条約湿地に登録された．冬季は氷結した湖上でのスケートやワカサギ釣りなどのウインターレジャーが盛んで，四季を通して観光客が訪れる（自然公園財団，2010）．

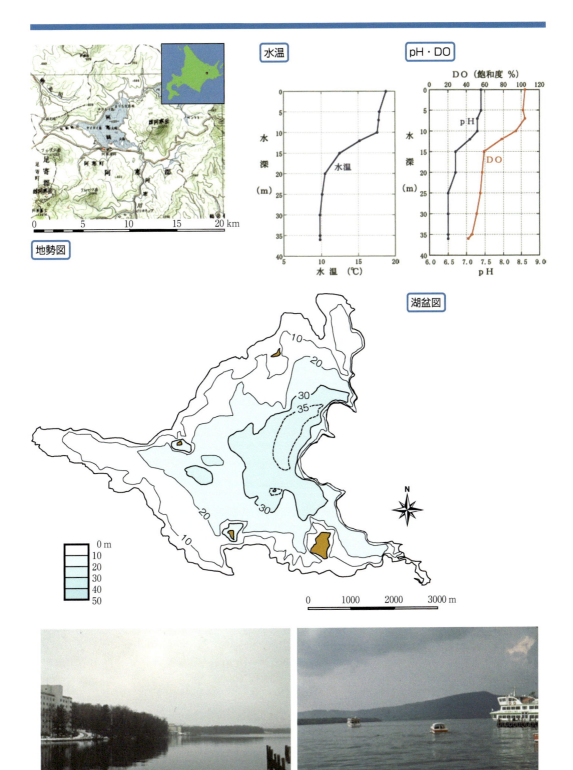

温泉街に隣接する（堀内清司氏撮影）　　観光船が行き交う（堀内清司氏撮影）

1-5　阿　寒　湖

1-6 支笏湖

――日本有数の水質のよさを誇る

　支笏湖は，北海道中西部，苫小牧市の北西，支笏洞爺国立公園内に位置するカルデラ湖である．支笏カルデラは，約4万年前に起きた火山活動によって形成されたとされ，モラップ山，多峰古峰山，丹鳴山などの山々がカルデラの外輪山である．初めはほぼ円形の湖であったが，後に恵庭岳，風不死岳，樽前山が北西-南東の一直線上に噴出したため，湖の形は中央がくぼんだ繭型になった．周囲のカルデラ壁はそれほど急ではないが，湖岸から急に水深が深くなる．湖底は平坦で湖内部に中央火口丘はない．支笏湖の北西部には，恵庭岳の火山噴出物によって堰止められてでたオコタンペ湖がある．

　湖面標高は250 m，最大水深363 m，平均水深265.4 m，潜窪（海面下の深さ）113.0 m，湖面積78.76 km^2，集水域面積（湖面積を除く）144.5 km^2，容積19.5 km^3，湖岸線延長40.4 km，長径12.2 kmで，最大水深は，田沢湖に次いで日本第2位である．おもな流入河川は西岸に注ぐ美笛川とオコタンペ湖からのオコタン川で，流出河川は東岸から流出する千歳川である．千歳川は，石狩川と合流して日本海に注いでいる．千歳川の流量は比較的安定しており，ダムが建設されて苫小牧市の工場に供給する電力の発電用水として利用されている．美笛川とオコタン川の流入量の合計は湖面への降水量とほぼ同量であり，湖水の平均滞留時間は約43年と推定されている（国立環境研究所，2000）．

　水温は，夏季の表面で21～22℃，深層では4℃，水温躍層は10～20 mである．冬季は，表面水温が2～3℃，深層では3～4℃となり，逆列成層がみられる．これまでに1978（昭和53），2001（平成13）年に全面結氷したが，厳寒の地にあるにもかかわらず，水深が大きく水体としての熱容量が大きいこともあって，結氷することはほとんどない．水質は，pHが7.0～7.4とほぼ中性で，CODも0.5～0.7 mg/Lと低く，全国で一，二を争う水質の良い湖である．また，1932年の観測でも同程度の値が報告されている．富栄養化の指標である窒素やリンの濃度も低く，硝酸態窒素が0.03 mg/L，全窒素も最大で0.12 mg/L，リン酸や全リンはきわめて少なく，貧栄養湖に属する．透明度は，13.8～28.5 m（1991～1993年）で，平均19.4 mであり，春に高く，秋にやや低い値となり，過去の記録と比べてもほとんど変化がない．毎年湖底まで湖水が活発に循環しており，水質はほぼ均質化していると考えられる．

　極端な貧栄養湖であるため，プランクトンは種数，量ともに少ない．魚類については，ヒメマス，ニジマス，アメマスなどが棲息している．ヒメマスは阿寒湖から移植されたものである．1970年代から湖周辺の観光開発や観光客の急激な増加などにより，湖内への栄養塩類の流入が増加したが，1983年から公共下水道が整備され，再びきわめて栄養塩の少ない湖となった．湖周辺には豊かな自然が広がり，自然保護活動が盛んである．

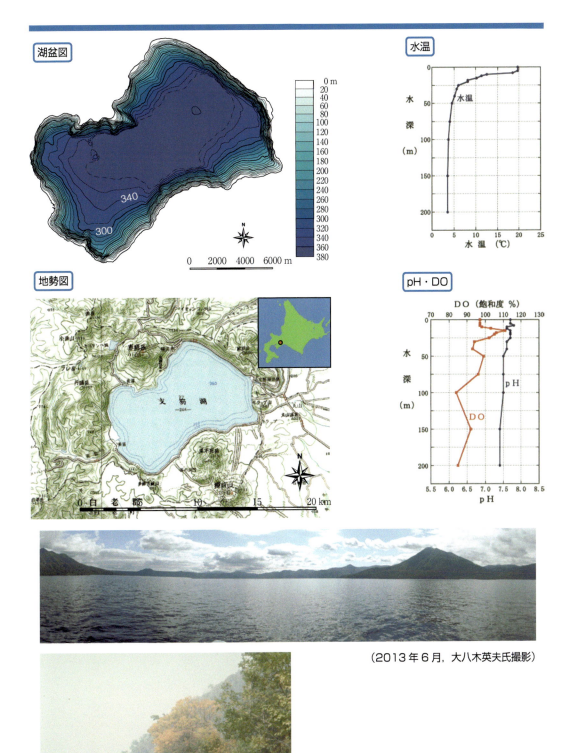

(2013年6月,大八木英夫氏撮影)

(堀内清司氏撮影)

1-7 倶多楽湖

―― ほぼ円形をした澄んだ湖

　倶多楽湖は，北海道南西部，倶多楽火山のカルデラ内に湛水したカルデラ湖である．カルデラ湖は，火山噴火の際に山頂部が陥没して湖盆が形成された湖であるが，倶多楽湖の場合，爆裂火口に湛水した火口湖であるという説もある．カルデラ壁は急峻であり，容易に湖面に近づけない．登別温泉の東方約2kmに位置し西側の湖岸に観光道路が通っているものの，湖への人的な影響はほとんどみられない．

　湖面標高は258 m，最大水深148.0 m，平均水深105.1 m，湖面積4.70 km^2，集水域面積（湖面積を除く）3.48 km^2，容積0.491 km^3，湖岸線延長7.80 km，長径2.8 km，肢節量（湖の円形度の指標，完全な円は1）は1.01で，ほぼ円形を呈している．湖岸から急傾斜で深くなる鍋型の湖盆となっている．湖岸帯の湖底には，幅30〜60 cmの溝状地形がみられ，エンガマと呼ばれている．流入河川も流出河川もなく，湖水位はカルデラ内への降水と地下水流出によって保たれている．湖の水収支は，湖からの地下水流出量が0.44 m^3/secと推定されている．地下水流出水は倶多楽湖の分水界を越えて，周辺河川に漏出していると考えられており，カルデラ壁の外側の湖面標高より低いところでは，多くの湧水が見られる．また，カルデラ内から湖へ流入する地下水量は0.16 m^3/secと推定されている．

　水温は，夏季の表層では約23℃，深層で4℃，水温躍層は7〜20 mにある．冬季は1月下旬から2月上旬に結氷し，氷の厚さは30〜50 cmで逆列成層しており解氷は4月下旬である．また，ところどころに氷の薄い場所があり，湖底からの温泉の湧出などによるものとみられている．水質は，pHが夏季の表層で7.3〜7.7，50 m以深で7.0とほぼ中性である（環境庁，1993）．溶存酸素量は深層でもほぼ飽和状態である．CODは，1977年で1.4〜1.5 mg/Lであり，現在でもそれほど大きな変化はない．栄養塩についてみると，全窒素は値が低いものの全リンは約0.03 mg/Lとやや高い値を示すが，溶存酸素などの分布からみても典型的な貧栄養湖に分類される．透明度は，1916年に24.7 mを観測し，その後1970年代初めに十数mに低下した時期もあったが，1979年には22.5〜28.3 mを記録し，現在でもきわめて澄んだ湖の1つである．プランクトンは種類，数ともに少なく，最近約50年間でもほとんど変化がない．魚類では，わずかにヒメマス，ウグイ，カジカなどが棲息するが，これらは明治時代末に放流されたものである．また，魚類以外ではエゾサンショウウオが棲息する．水生植物として，ホザキノフサモ，ミズニラなどがみられる．

　湖畔には人家がきわめて少なく，これまで温泉地に近いにもかかわらず清澄な水質が保たれてきたが，湖岸西部に観光道路が整備され，観光客数が徐々に増えつつあり湖水環境への影響が懸念されている．

湖盆図	水温・電気伝導度
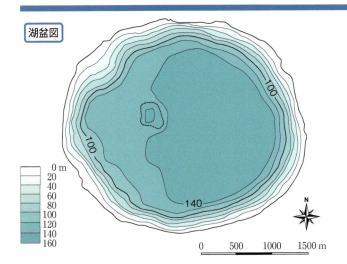	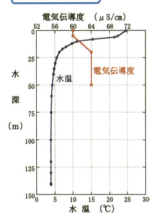

地勢図	pH・DO
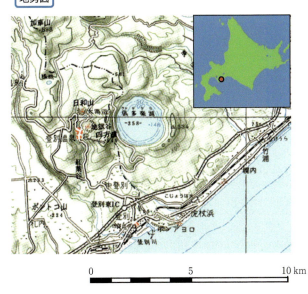	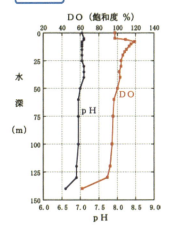

（2006年7月，山中 勝氏撮影）

（2014年5月，大八木英夫氏撮影）

1-8 洞爺湖

── 周辺地域とともに世界ジオパークに認定

洞爺湖は，北海道南西部，支笏洞爺国立公園に位置し，洞爺カルデラ内にできたカルデラ湖である．アイヌ語の「トー，ヤ」（湖・沼，岸）が語源である．洞爺カルデラは，13万〜9万年前の大規模な噴火によって形成されたと考えられている．この噴火による降下火山灰は北海道全域と東北地方の一部にまで及び火砕流堆積物はカルデラ壁周辺の台地をつくっている．約5万〜4万年前にカルデラ中央には多数の溶岩円頂丘からなる火山が噴出した．それらが現在の中島などである．洞爺湖は火口型カルデラではなく広範囲な陥没によって形成されており，険しいカルデラ壁に囲まれることなく湖周辺は広々としている．湖の南にある有珠火山は日本有数の活火山で，約1万年前から活動が始まり，歴史時代でも2000年の噴火を含めて計8回の発生が記録されている．このうち，1943年に始まった噴火は，昭和新山を形成したことで有名である．

湖面標高は84 m，最大水深180.0 m，平均水深117.0 m，湖面積70.44 km^2，集水域面積（湖面積を除く）約101.6 km^2，容積8.2 km^3，湖岸線延長49.90 km，長径11.0 km，潜窟96 mである．湖内には，最も大きい中島のほかに，観音島，弁天島，饅頭島がある．流入河川は幌別川などの小河川であるが，湖への流入水の大部分は隣接する長流川から導水されている発電用水である．流出河川は，自然河川では壮瞥川のみで，直ちに滝となって長流川に注いでおり，流出水のほとんどが人的にコントロールされている．平均滞留時間は，約9年と推定されている．

水温は，夏季の表層で21〜22℃，水深50 mで4.5℃，深層で3.9℃，水温躍層は10〜20 mにある．冬季は結氷しない．その理由として，容積が大きく湖の熱容量が大きいこと，湖周辺が開けていて湖面を吹く風が強く，風による撹拌が比較的深層まで及ぶことが指摘されている．水質は，火山活動や人的な影響で大きな変動があった．pHは，1939年以前では表層で7.0〜7.5であったが，1939年に発電用水として強酸性の鉱山廃水を含む河川水が流入するようになってから徐々に酸性化し，1970年には5.0を観測した．その後，鉱山廃水の中和処理が開始され，鉱山が廃鉱になったため，最近では表層で6.8〜7.0とほぼ中性，深層でも6.6〜6.7となっている．溶存酸素量は全層でほぼ100%，深層でもあまり減少しない．CODは，0.50〜0.67 mg/L，全窒素は，0.22 mg/L，全リンは0.003 mg/L以下で，貧栄養湖に分類される．透明度は，火山活動の影響で大きく変動した．1917年に19 m，1938年には23.5 mが観測されているが，1977年の噴火時には，一時的に0.4〜0.85 mにまで低下した．最近では1991年に10 mが観測されている．プランクトンは，もともと種類，数とも少なかったが，湖が酸性化した時期に特に少なくなった．その後，中性化するにつれて回復している．洞爺湖，有珠山およびその周辺の地域は，火山活動で形成された自然や地質，さらには縄文遺跡などの歴史的遺産も含めて，2009年に洞爺湖有珠山ジオパークとして世界ジオパークに認定された．

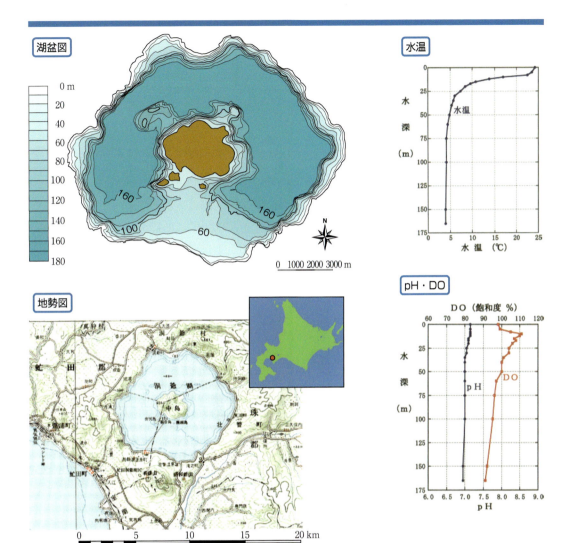

(2014年5月,大八木英夫氏撮影)

湖中の中島(2014年5月,大八木英夫氏撮影)

1-9 渡島大沼・小沼

―― 秀麗な駒ヶ岳を望む風光明媚な湖

　渡島大沼と小沼は，北海道南部渡島半島の中央部に位置する．成因は，北海道駒ヶ岳の噴火による堰止め湖とする説が有力である．駒ヶ岳は，約3万年以上前に活動を開始し，成層火山を形成してから，噴火や山体崩壊を繰り返してきた．歴史時代になってからの噴火記録では，1640年に山頂の一部が大崩落し，外輪山として，剣が峰（1,131 m），砂原岳（1,113 m），稜線の馬ノ背（約850 m）などが形成され，現在の山容に近いものとなった．また，1856年の噴火によって河川が堰止められ，大沼，小沼はほぼ現在の形状になったが，湖形成には火山活動に伴う地盤の陥没の影響も指摘されている．

　湖内には，泥流によって押し出された岩塊や溶岩でできた流れ山と呼ばれる大小の島が100以上も点在しており，大沼と小沼は，セバット（狭戸）と呼ばれる水路でつながっている．

《渡島大沼》

　湖面標高は129 m，最大水深13.6 m，平均水深5.9 m，湖面積5.49 km^2，集水域面積（湖面積を除く，小沼の集水域も含む）約159.7 km^2，容積0.033 km^3，湖岸線延長20.90 km，長径4.8 kmである．

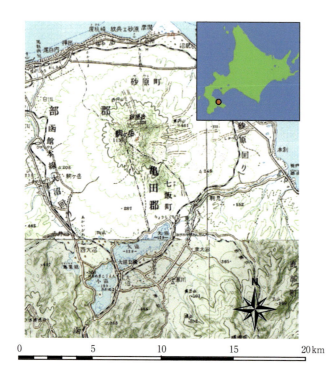

地勢図

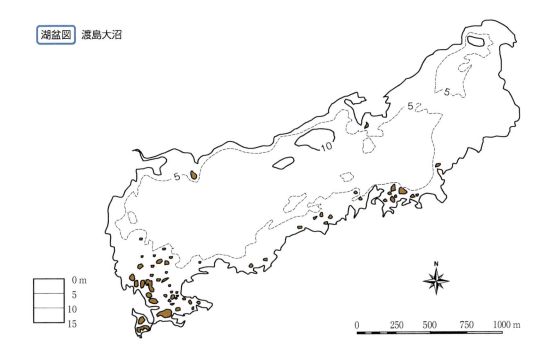

湖盆図 渡島大沼

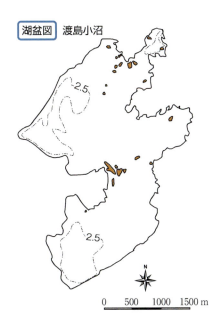

湖盆図 渡島小沼

渡島大沼（堀内清司氏撮影）

流入河川は，宿野辺川，軍川，苅間川などである．流出河川は，自然のものでは東端の折戸川であるが，水門が設けられて高水位のとき以外は流出しない．湖水はセバットを通って小沼に流入する．本来，小沼から大沼へ流入していた水は，農業用水のための取水口が小沼に設けられてから流れが逆転し，大沼から小沼への流れとなった．大沼の平均滞留時間は，約0.19年と推定されている．

水温は，夏季の表層で約22～26℃，深層で17～18℃，水温躍層は5～8 mにある．冬季は結氷し，深層では4℃である．水質は，pHが表層で6.8～7.4とほぼ中性で，深層でも6.6～7.2となっている．溶存酸素量は，夏季の表層でほぼ100%，深層では減少するが，秋季には回復する．CODは，3～4 mg/L，全窒素は，0.3～0.5 mg/L，全リンは0.01～0.04 mg/Lと高く，富栄養湖に分類される．透明度は，1913年に3.5 mであったが，最近では2～2.5 mである．プランクトンは，種類，数とも多く，魚類も，ワカサギ，アメマス，ウグイ，フナなどが多数棲息する．2012年にラムサール条約湿地に登録された．

《小　　　沼》

湖面標高は，129 m，最大水深5.0 m，平均水深2.1 m，湖面積4.08 km^2，容積0.0088 km^3，湖岸線延長14.80 km，長径3.7 kmである．流出河川は，南端の取水口で，発電用水，農業用水として利用された後に久根別川を経て函館湾に注いでいる．平均滞留時間は，約0.05年と推定されている．

水温は，夏季の表層で約25～26℃と全体的に大沼よりやや高い．冬季は結氷する．水質は，pHが夏季の表層で7.3～7.4になることもある（環境庁，1993）．溶存酸素量は，年間を通じてほぼ100%であるが深層で減少する．CODは3.9～5.4 mg/L，全窒素は0.30～0.65 mg/L，全リンは0.036～0.059 mg/Lと高く，富栄養湖に分類される．透明度は，1923年に2.9 m，最近では1.0～1.5 mである．プランクトンは大沼と同じく，種類，数とも多く，魚類もワカサギ，アメマス，ウグイなどが多数棲息する．

渡島大沼と駒ヶ岳（堀内清司氏撮影）

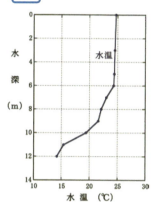

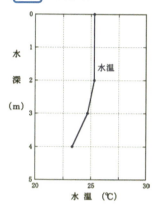

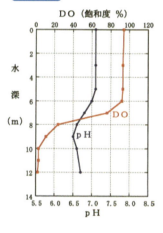

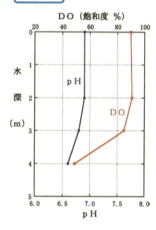

渡島大沼（堀内清司氏撮影）

第 2 章 ● 東　北

2-1　十　三　湖

——中世に栄えた幻の港町十三湊があった湖

　十三湖は，青森県津軽半島西部，日本海に面して位置する海跡湖である．岩木川の最下流域にあたり，古くはアイヌ語で入り江を意味するトサと呼んでいたが，津軽藩主が土佐守に任じられたとき，同音であるのを憚ってジュウサンと呼ぶようになったといわれている．また，流入する河川が 13 本だからという説もある．約 1 万年前，更新世末期から完新世にかけて，気候の温暖化により海水が内陸部に侵入し，古十三湖ができた．その後，海退や岩木川の堆積作用により湖は形を変え，水質も淡水化したと考えられている．湖と日本海の間には，2 列の浜堤状砂丘が発達し，砂丘間低地には前潟，内潟，明神沼などの小湖が南北に並んでいる．岩木川は白神山地に源を発し，津軽平野を北上して日本海に注ぐ流域面積 2,540 km^2，流路延長 102 km の一級河川である．上流域は火山地帯であり流送土砂が多いため，十三湖には典型的な湖沼三角州が形成されている．

　湖面標高は 0 m，最大水深 3.0 m，平均水深 1.5 m，湖面積 18.07 km^2，容積 0.027 km^3，湖岸線延長 28.40 km で入り組んだ形をしている．流入河川は岩木川で，そのほかに山田川，鳥谷川，今泉川などが流入する．流出河川は岩木川で，1947 年に完成した水戸口と呼ばれる短い水路で日本海と通じている．十三湖は浅く，河川の一部とみなせるので平均滞留時間は 5～6 日と短い．

　水温は，1991 年 6 月の表面で約 23℃，水深 1 m では約 20℃ であった．真冬でも結氷しない．水質は，pH が夏季の表層で 8.0～9.2 であり，季節や水域による差が著しい（環境庁，1993）．溶存酸素量は，夏季の表面付近では過飽和であるが，水深約 1 m では 80% 程度に低下する．COD は，1970 年代は 4～6 mg/L が観測されているが，1991 年には 8.8 mg/L と高い値が報告されている．全窒素は 0.08 mg/L，全リンは 0.06 mg/L で中栄養湖に分類される．透明度は 1.0 m 程度である．塩分濃度は，河川水が流入する水域では低いが，海に近い水域や湖底付近では高く，水域や時期によっては海水に近い濃度となることもある．プランクトンは塩分濃度の高い水域では海水種のケイ藻類が多い．魚類はウナギ，ニジマス，ワカサギ，コイ，ウグイなどの淡水種に加えて，ボラ，カタクチイワシ，スズキなどの海水種が多種多数棲息する．漁獲量としては，ボラ，ワカサギなどが多い．また，ヤマトシジミは日本有数の漁獲量である．

　十三湖は，津軽国定公園に指定され，湖面には岩木山を映し，夕陽の美しいことで知られる．また，中世には博多や堺と並び全国三津七湊の 1 つとして数えられた幻の港町十三湊があったことでも有名である．中世の港町十三湊は，十三湖と日本海の間の砂州上に立地した都市で，鎌倉時代から室町時代にかけて交易を中心として栄え，京都の町並みに似た都市景観であったと推定されている．この栄華を誇った港町は，1340 年に起きた大津波によって壊滅したとされるが，詳細は不明である．

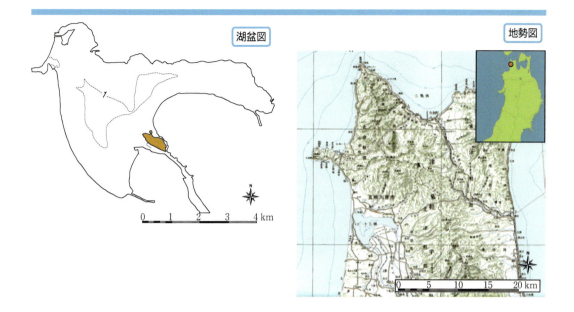

| 湖盆図 | 地勢図 |

（2014年5月，川村拓矢氏撮影）

（堀内清司氏撮影）

水色の違いによる湖水と海水の境界が明瞭に現れている（堀内清司氏撮影）

2-1 十三湖

2-2 十和田湖

――観光とヒメマス養殖で知られる

　十和田湖(とわだ)は、青森県と秋田県の県境に位置する。十和田八幡平(はちまんたい)国立公園にある湖で、その湖盆形態から二重式のカルデラ湖といわれている。南東岸から御倉半島と中山半島が湖心に向かって突きだし、東岸と御倉半島の間は東湖、御倉半島と中山半島の間が中湖、中山半島と西岸の間が西湖、主湖盆は外湖あるいは北湖と呼ばれている。中湖はほかの湖域に比べて飛び抜けて深く、湖岸は急峻な崖となっているが、外湖では平坦な湖盆が広がっている。十和田火山は、約20万年前から活動し、約1万3000年前にはほぼ現在のカルデラ地形ができたとされる。カルデラ内には古十和田湖といわれる湖があり、その後活発な火山活動や気候変化などにより湖水位が変化したことが湖岸地形から推測されている（堀江、1964）。約5400年前の火山活動によって生じた新たな凹地が中湖となり、ほぼ現在の湖盆となった。中湖の凹地については火口説と陥没説がある。御倉半島の延長には溶岩円頂丘が小島となって湖面に顔を見せていて、御門岩と呼ばれている。

　湖面標高400 m、最大水深327 m、平均水深71.0 m、湖面積61.06 km^2、集水域面積（湖面積を除く）67 km^2、容積4.19 km^3、湖岸線延長46.0 km、長径11.0 kmで、最大深度は田沢湖、支笏湖に次いで日本第3位である。周囲を急峻なカルデラ壁が取り囲んでいるため、集水域は狭く大きな流入河川はない。流出河川は東岸に奥入瀬川があるのみである。1973年の報告によれば、奥入瀬川による平均流出量は1.8 m^3/secで、その多くは北東部の青橅取水口から発電用に取水されている。また、水位低下を防ぐため融雪期などには他流域から水を注入している。湖への全流入量は他流域からの量を含めて約4.9×10^8 m^3/年で、湖水の平均滞留時間は約8.5年である。

　水温は、夏季の表層では22～23℃、水深約100 mまでは徐々に低下し4℃付近になるが、それより深いところではやや上昇し約5℃である。水温躍層は水深10～20 mにある。深層での異常水温については古くから多くの研究があり、湖底から高温で溶存物質を多く含んだ水が湧出するためとされている。冬季に湖面が全面結氷することはほとんどないが、深度が小さい西湖では一部または全面結氷する。水質は、pHが表層で7.7～7.8、150 m以深で6.4～6.6である。溶存酸素量は深層で飽和度が低くなるものの、表層では100％に近い値となっている。CODについては、1985年ごろまでは0.8～0.9 mg/Lであったが、近年は1.2～1.6 mg/Lと徐々に増加傾向であり、環境基準値の1 mg/Lを上回っている。透明度もかつては15～20 mであったが、現在では10 m以下のことが多い。全窒素は0.17 mg/L、全リンは0.004 mg/Lで、貧栄養湖に分類されている。プランクトンは種類、数ともにきわめて少ない。魚類は、かつてはほとんど棲息していなかったとされるが、ヒメマス、ニジマス、イワナなどが放流された。特にヒメマスは十和田湖を代表する種として知られている（徳井、1984）。湖の周辺には奥入瀬渓流があり、アオモリトドマツやブナなどの多様な森林が広がっている（自然公園財団、2006）。

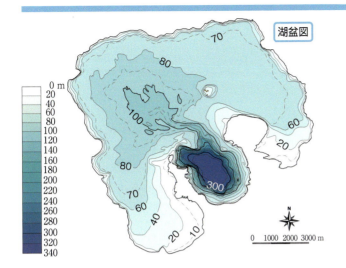
湖盆図

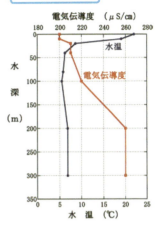
水温・電気伝導度

pH・DO

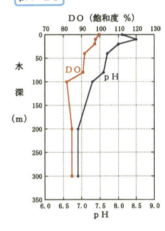

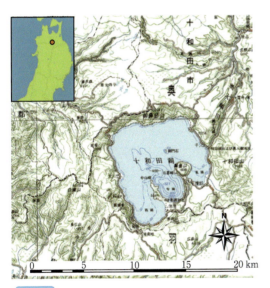
地勢図

（堀内清司氏撮影）

2-2 十和田湖

2-3 一ノ目潟・二ノ目潟・三ノ目潟

―― 周辺地層から地球深部の構成物質を発見

　一ノ目潟・二ノ目潟・三ノ目潟は，秋田県男鹿半島西部の台地上に位置する．最も北東にあるのが一ノ目潟で，南西に二ノ目潟，三ノ目潟と続く，目潟火山のマールに湛水した湖である．目潟火山の活動は約 9000 年前に始まり，その活動時期は 2 つに大別できる．第 1 期は，一ノ目潟を形成した活動で，第 2 期は，二ノ目潟と三ノ目潟を形成した活動である．これらのマールは，その噴火による放出物の中に地球深部の構成物質が発見されたことで知られている．

《一ノ目潟》

　3 つの湖の中で最も大きく深さも最大である．湖面標高は 87 m，最大水深 42.0 m，平均水深 18.1 m，湖面積 0.26 km^2，容積 0.0047 km^3，湖岸線延長 2.00 km，長径 0.6 km，肢節量 1.02 で円形に近い．顕著な流入河川，流出河川はない．

　水温は，夏季の表層で約 25℃，深層で約 5.0℃ で，水深 5～10 m に水温躍層がみられる．水質は，pH が夏季の表層で 8.4 となったこともあるが，概ね 6.5～7.0 である．溶存酸素量は，夏季の表層で約 85%，水深 10 m 付近で 120% になることもあるが，湖底ではかなり減少する．COD は，表層で 3.8～4.8 mg/L，深層では 1.9～2.2 mg/L である．全窒素は，表層で 0.3～0.5 mg/L，深層では約 0.35 mg/L，全リンは表層で 0.01 mg/L，深層では 0.004 mg/L 以下で中栄養湖に分類される．透明度は約 2.5 m である（環境庁，1993）．魚類は，ワカサギ，カジカ，オオクチバスがみられる．明治時代から農業用水として利用され，現在は水道水源としても利用されている．

《二ノ目潟》

　一ノ目潟のすぐ西に位置する．湖面標高は 40 m，最大水深 11.8 m，平均水深 5.0 m，湖面積 0.08 km^2，容積 0.0004 km^3，湖岸線延長 1.10 km，長径 0.47 km，肢節量 1.09 である．顕著な流入河川，流出河川はない．

一ノ目潟（堀内清司氏撮影）

湖盆図 一ノ目潟

水温・電気伝導度 一ノ目潟

pH・DO 一ノ目潟

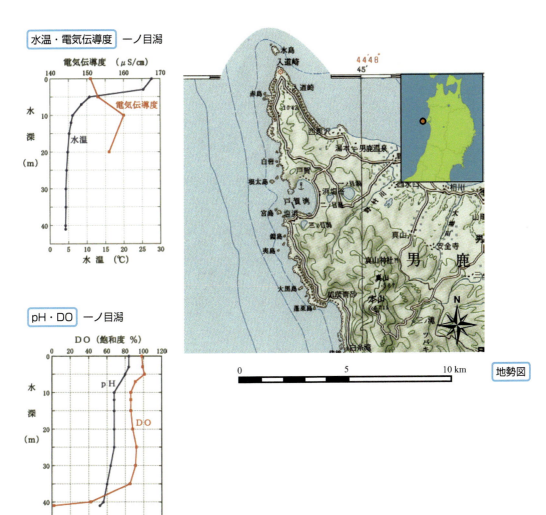

地勢図

2-3 一ノ目潟・二ノ目潟・三ノ目潟

水温は，夏季の表層で25℃を超えることもあるが，深層で約13℃，水深4〜8mに水温躍層がみられる．水質は，pHが夏季の表層で7.5，深層で6.4であり，弱い躍層がみられる．溶存酸素量は，夏季の表層で約95%であるが，水深8m付近で急激に減少し湖底付近では著しい減少がみられる．CODは，3.9〜4.2 mg/L，全窒素は，0.3〜0.7 mg/L，全リンは0.003〜0.004 mg/Lで中栄養湖に分類される．透明度は約3mである．

《三ノ目潟》

二ノ目潟の南西約1.3 kmで2つの湖から少し離れて位置する．湖面標高は，45 m，最大水深31.0 m，平均水深16.3 m，湖面積0.11 km^2，容積0.0017 km^3，湖岸線延長1.10 km，長径0.45 km，肢節量1.01である．顕著な流入河川，流出河川はない．

水温は，夏季の表層で約26.0℃，深層で約7.0℃で，水深5〜10 mに水温躍層がみられる．水質は，pHが6.8〜7.1，溶存酸素量は，全層で100%に近い．CODは，3.0〜3.6 mg/L，全窒素は，0.15〜0.29 mg/L，全リンは0.003〜0.009 mg/Lで貧栄養湖に分類される．透明度は1933年に11.0 m，最近でも約8.0 mを観測している．

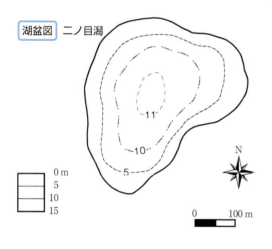

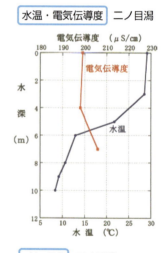

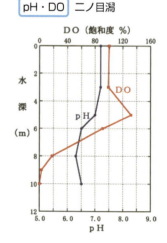

八望台から望んだ二ノ目潟（一般社団法人　秋田県観光連盟提供）

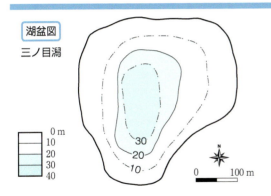

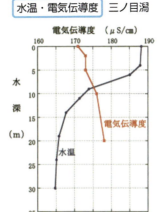
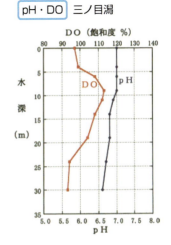

二ノ目潟の遠望と三ノ目潟湖盆の凹地地形（2013年9月，大八木英夫氏撮影）

2-3 一ノ目潟・二ノ目潟・三ノ目潟

2-4 田沢湖

——日本で最深の湖

　田沢湖は，秋田県中央東部，奥羽山脈の西側に位置する日本で最深の湖である．火山性の陥没によって生じたカルデラ湖という説が有力であるが，湖岸には新しい火山噴出物はほとんど見あたらず，新第三紀の地層が広く分布する．湖を取り巻く山々は，最高峰が院内岳（標高751 m）で低山が多く，山容もなだらかである．湖色は瑠璃色で，湖盆形態は，湖岸から急な斜面が湖底まで落ち込み，水深約400 mの湖底には平坦面が広がっている．湖底には突出する湖底丘が2カ所あり，辰子堆，振興堆と呼ばれている．

　湖面標高は249 m，最大水深423.0 m，平均水深280.0 m，潜窪（海面下の深さ）174 m，湖面積25.79 km^2，集水域面積（湖面積を除く）22.3 km^2，容積7.2 km^3，湖岸線延長20.10 km，長径6 kmである．流入河川は，木田橋川や大沢川などの小河川があるのみであるが，玉川など別の水系からの人為的な流入水がある．天然の流出河川はなく，玉川から導入された水は発電用水として使われ，再び玉川に放流されている．

　水温は，夏季の表層で26.5℃，深層で3.8～4.0℃で，水深5～20 mに顕著な水温躍層がみられる．水深200 m以深の深層では，温度の変動はほとんどない．また，寒冷地にあるが深く容量が大きいために真冬でも結氷しない．水質は，1940年に強酸性の玉川の河川水が導水されたために激変した（日本水環境学会編，2000）．玉川の酸性水が流入する以前のpHは6.5～6.7程度であったが，1951年には4.3～5.3，1979年4.3～4.5と強酸性に変化した．その後，玉川に中和処理施設ができて処理水が流入するようになってから徐々に値が上昇し，1997年には表層で5.5～5.6，深層で4.7～4.9とかなり回復している．溶存酸素量は，酸性水が流入する以前も現在もあまり変わりがなく，表層で90～100%，深層でも80%を超えている．CODは，0.5 mg/L以下，全窒素は，約0.13 mg/L，全リンは0.003 mg/L以下と典型的な貧栄養湖である．透明度は，1910年に39 mを観測したが，1979年には6 mまで低下し，現在は約4 mである．プランクトンは，酸性水が流入する以前から種類，数ともにきわめて少ない．魚類は，かつてはクニマス，ヒメマス，ウグイなどが棲息し，特にクニマスは世界でこの湖にしか棲息しない珍奇種であったが，酸性水の流入により絶滅したとされた．その後2010年に山梨県西湖で発見され，話題となった．

　田沢湖は，日本一の深さを有する湖であるとともに，人為的に湖沼環境が悪化した湖としても知られる．湖の東側を流れる玉川は，強酸性で毒水とも呼ばれていたが，農業用水として利用するために古くからさまざまな除毒の努力がなされてきた．そして，玉川の水質改善だけでなく，電源開発も目的とした「玉川河水統制計画」が1939年に策定された．強酸性である玉川の水を中性の田沢湖に導水し農業用水として利用できるくらいに中和，希釈しようとするものである．その結果，電力供給や水田灌漑には貢献したものの，湖水は酸性へと変化した．その後，玉川ダムが完成し，中和処理施設も設けられたために，水質は徐々にではあるが改善に向かっている．

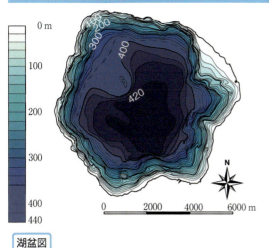

湖盆図

地勢図

（2006年8月，森 和紀撮影）

（堀内清司氏撮影）

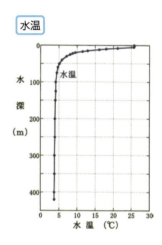

水温

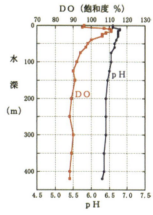

pH・DO

2-4 田 沢 湖

2-5 蔵王御釜

―― 水色の変化が美しい強酸性の湖

　蔵王御釜は，宮城県と山形県の県境，奥羽山脈の南部に位置する．蔵王火山の活動によって生じた火口に湛水した火口湖である．周囲を荒々しい火口壁に囲まれ，神秘的なエメラルドグリーンの水をたたえている．蔵王火山の頂上部は，熊野岳（1,840 m）と刈田岳（1,759 m）の二峰が馬の背と呼ばれる外輪山で連なり，東側は大きな爆裂火口が開き，中央火口丘である五色岳（1,674 m）が聳える．蔵王火山は，これらの火山や周辺火山を含めた総称である．熊野岳や刈田岳は，中央蔵王とも呼ばれ蔵王火山群の中では最も新しい．蔵王火山の活動は約70万年前に始まったとされ，約2万年前に五色岳が活動し，約1000年前に五色岳西端で御釜の活動が始まった．歴史に残る火山活動の最も古い記録は844年のもので，その後，おもな活動だけでも十数回の記録が残っている．それらの活動はすべて御釜ないしその周辺で起こっており，近年でも1918，1923，1927，1937年などに活動したことが報告されている．このようにごく最近では御釜の活動は沈静化しているものの，現在も活動を続ける活火山である．蔵王御釜は，熊野岳，五色岳，刈田岳に抱かれるように存在し，湖色が天気や太陽光線などによって変化するので五色沼とも呼ばれている．

　湖面標高は1,550 m，最大水深27.1 m，平均水深18.1 m，湖面積0.07 km^2，集水域面積（湖面積を除く）0.45 km^2，容積0.0016 km^3，長径0.36 km，湖岸線延長1.0 kmである．流入河川は南西部に小さい五色川がある．流出河川はない．湖水は地下水として流域外に流出していると考えられ，地下水流出量は0.002 m^3/secと推定されている．また，湖盆形態は著しく変化していることが報告されている．たとえば，水深は1933年には41 m，それ以前では63 mの記録がある（堀江，1964）．長径もここ数十年で約50 m短くなり，容積も約40%減少した．

　水温は，夏季の表層では約27℃に上昇するとされるが，2005年7月には約19℃であった．湖底付近では4.6〜4.7℃で，水温躍層は8〜12 mにみられた．11月には全層が7.7℃で等温であった．冬季は，12月から3月まで結氷する．水質は，pHが2.9〜3.4で深度や季節によって若干の変動があるが，強酸性といえる．かつて火山活動が盛んであった時期には，現在よりさらに酸性で，1931年には1.9が報告されている．溶存酸素量は，夏季の表面付近では飽和しているが，秋季には60〜70%に低下し，湖底付近では約30%にまで減少する．CODは，0.5〜0.6 mg/L，全窒素は0.02 mg/L以下，全リンは0.003 mg/L以下で貧栄養湖に分類される．また，鉄濃度が高く1955年には，約20 mg/L，湖底では30 mg/Lの濃度が観測されたが，現在では5〜6 mg/L，湖底付近でも10 mg/L程度と減少している．透明度は1931年に5.8 m，1939年には約1.5 mに低下し，1979年には0.9 mであった．プランクトンは，火山活動の影響できわめて少ない．また，魚類についての報告はない．

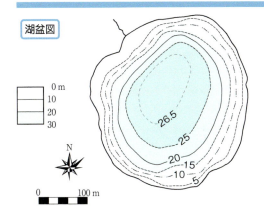

湖盆図

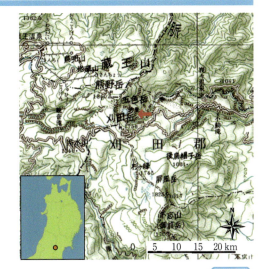

地勢図

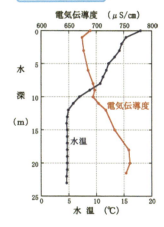

水温・電気伝導度

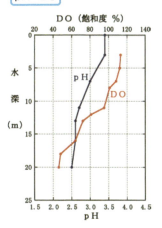

pH・DO

(2005年5月，大八木英夫氏撮影)

2-5 蔵王御釜

2-6 裏磐梯湖沼群

―― 磐梯山の噴火でできた多様な湖沼群

　福島県中北部，磐梯山の北麓に広がる高原一帯は，磐梯高原あるいは裏磐梯と呼ばれる．標高は約 800 m，磐梯朝日国立公園の中心の1つで，1888 年磐梯山が大噴火し，その泥流が桧原川，中津川，小野川などを堰止めてできた桧原湖，秋元湖，小野川湖，五色沼などの湖沼群と森林美で知られる．磐梯山の有史以後の噴火はすべて水蒸気爆発で，山体崩壊が生じやすく，それに伴う岩屑なだれや泥流によって自然環境が大きく変化した．

《桧 原 湖》

　裏磐梯湖沼群の中で最大の湖で，湖内には 50 もの島が浮かんでいる．湖面標高は 819 m，最大水深 31.0 m，平均水深 12.0 m，湖面積 10.83 km^2，容積 0.13 km^3，長径 10.5 km，湖岸線延長 38.0 km，堰止め湖であるため複雑な形をしており肢節量は 3.22 である．流入河川は北部に会津川，大川，南部に雄子沢川，清水沢川などがある．流出河川は南東部から流出する自然河川と水路があり，いずれも小野川湖へ注いでいる．また，水路には水門があり，水位が管理されている．

　水温は，夏季の表層で 25℃ を超えることもあり，深層で約 10℃，水温躍層は 5～10 m にみられる．冬季は，12 月から 3 月まで結氷する．水質は，pH が夏季の表層で 7.2～7.8，深層では 6.3 である．溶存酸素量は，夏季の表層では 100% に近いが，深層ではかなり減少し約 30% である．COD は約 1.5 mg/L，全窒素は 0.12 mg/L，全リンは 0.003 mg/L で，中栄養湖に分類されている．透明度は 1930 年に 7.3 m，1991 年に 4.5 m を観測している．プランクトンは種類，数ともに多い．

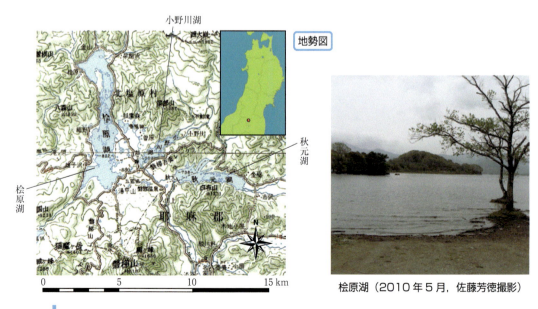

桧原湖（2010 年 5 月，佐藤芳徳撮影）

湖盆図	桧原湖

水温・電気伝導度	桧原湖

pH・DO	桧原湖

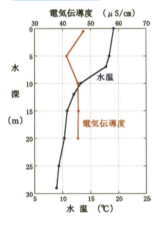
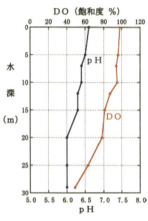

湖盆図	秋元湖

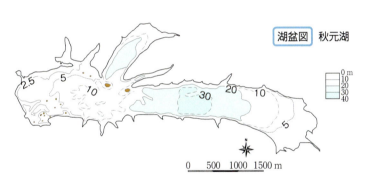

水温	秋元湖

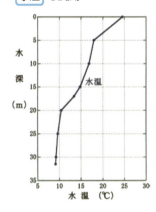

pH・DO	秋元湖

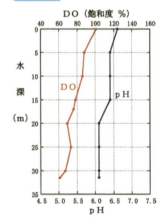

秋元湖（2010年5月，佐藤芳徳撮影）

2-6 裏磐梯湖沼群

魚類はウグイ，ワカサギ，サクラマス，ニジマスなど多数が棲息し，冬季の結氷した湖面はワカサギ釣りの人々でにぎわう．

《秋 元 湖》

　吾妻山に源を発する中津川と大倉川が堰止められてできた湖で，吾妻湖とも呼ばれている．湖に流入する土砂量が多く，湖での堆砂量も多い．湖面標高は725 m，最大水深33.2 m，平均水深12.8 m，湖面積3.90 km^2，容積0.05 km^3，長径4.6 km，湖岸線延長24.0 km，肢節量は2.83で複雑な形をしている．流入河川は中津川，大倉川などで，流出河川は長瀬川であるが，湖水は発電用水として利用され水位変動が大きい．

　水温は，夏季の表層で27℃，10 m付近では約18℃で水温躍層がみられる．冬季は，12月から3月まで結氷する．水質は，pHが夏季の表層で7.4〜7.8，10 mより深では6.9〜7.0である．溶存酸素量は，夏季の表層では100％に近いが，湖底付近では約70％である．CODは約2.6 mg/L，全窒素は0.13 mg/L，全リンは0.005 mg/Lで中栄養湖に分類されている．透明度は1931年に6 mが観測されたが，近年は2〜3 mである．プランクトンは種類，数ともに多い．魚類はワカサギ，コイ，ウグイ，ヤマメ，イワナなど多数が棲息する．

《小野川湖》

　桧原湖の東側にあり，長瀬川の支流である小野川が堰き止められてできた．湖岸線は複雑で，泥流による多くの岩塊が湖面に頭を出し小島となって点在する．湖面標高は，794 m，最大水深21.0 m，湖面積1.40 km^2，長径4.0 km，湖岸線延長9.80 kmである．流入河川は小野川，御社水川など，流出河川は南岸の発電用水取入れ口で秋元湖へ導水されている．発電のために水位が管理され，2 mを超える水位変動があり，湖面積なども変動する．

　水温は，夏季の表層で約26℃，水深15 mで約10℃，水温躍層は5〜15 mにみられる．冬季は，12月から3月まで結氷する．水質は，pHが夏季の表層で6.5〜7.3である．溶存酸素量は，夏季の表層では100％を超え，水深10 mで約60％，湖底付近では無酸素状態になることもある．CODは1.7 mg/L，全窒素は0.15 mg/L，全リンは0.004 mg/Lで，中栄養湖に分類されるが富栄養化が進んでいる．透明度は1931年に6.7 mを観測しているが，近年は約3.0 mで変動が大きい．プランクトンは種類，数ともに多い．魚類はウグイ，ワカサギ，フナ，イワナなどが棲息し，最近はオオクチバスが多数みられる．また，周辺には小野川湧水，百貫湧水，笹清水など多数の湧水があり，小野川湧水群と呼ばれている．

《曽 原 湖》

　曽原湖は，桧原湖のすぐ東に位置する．湖は北域と南域に分けられ，北域は深い．湖面標高は830 m，最大水深12.0 m，平均水深5.1 m，湖面積0.35 km^2，容積0.0018 km^3，長径1.0 km，湖岸線延長3.50 km，流入河川はなく，流出河川は南東部に小河川がある．

　水温は夏季の表層で約28℃，冬季は，12月から3月まで結氷する．水質は，pHが夏季の表層で7.2〜7.4，溶存酸素量は，夏季の表層では100％を超えるが，湖底付近では無酸素状態となることもある．CODは3.0 mg/L，全窒素は0.18 mg/L，全リンは0.008 mg/Lで中栄養湖に分類されている．透明度は1937年に5.4 mを観測し，最近は3〜4 mである．プランクトンは少なく，魚類はウグイ，ギンブナ，イワナ，コイなどが棲息している．

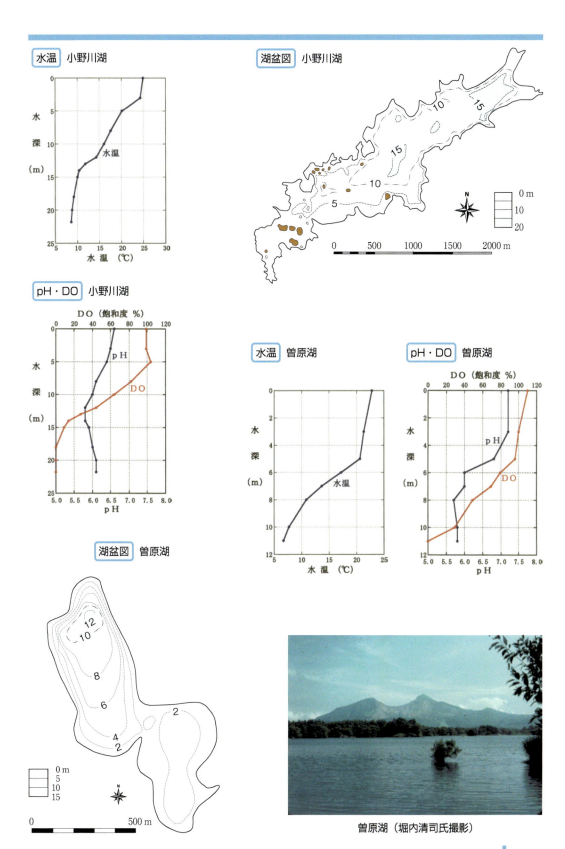

曽原湖（堀内清司氏撮影）

2-6 裏磐梯湖沼群

《五色沼湖沼群》

　五色沼湖沼群は，磐梯高原の南部，磐梯山の北麓に並ぶ小湖沼群である．その多くは，硫酸イオンの多い無機酸性湖である．五色沼という名称は，それぞれの湖によって色が異なること，また同じ湖でも季節や時間，天候あるいは見る角度などによって色が変化することに由来する（p.25参照）．湖の色は，深さ，水中の懸濁物やプランクトンなどの生物，湖底の沈殿物などによる．湖色だけでなく，水質も季節変化があり経年的な変化も認められる．形成年代がきわめて新しい湖沼群であり，今後，形態や水質が変化することが予測される．

　毘沙門沼　毘沙門沼は，湖沼群の東端に位置する．湖沼群の中で最大の湖で，湖水の色は青白色でエメラルドグリーンに見えるときもある．この湖水には，アロフェンと呼ばれるアルミニウムの含水ケイ酸塩鉱物が大量に含まれており，この微粒子により太陽光線が散乱され神秘的な色を出すといわれている．最大水深 13.0 m，湖面積 0.15 km^2 である．水質は，pHが5.0付近で酸栄養湖に分類される．透明度は4〜5 mである．

　赤　沼　赤沼は，毘沙門沼の西に位置し，湖水の色は青緑色である．赤沼という名称は，湖水中に鉄イオンが大量に含まれていて，湖畔の植物などに沈殿物が付着して赤茶色を呈していることによる．最大水深 4.0 m，湖面積 0.0025 km^2 の小さい湖である．湧水によって涵養されていて結氷しない．水質は，pHが3.8と強酸性で，魚類はまったくみられない．

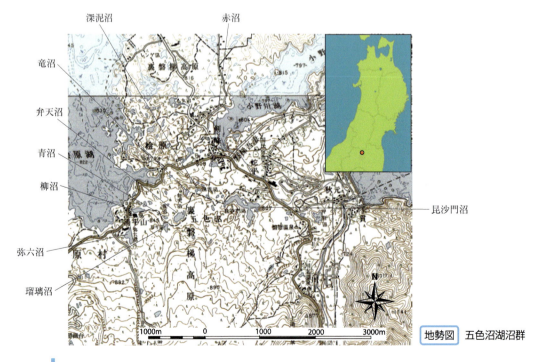

地勢図　五色沼湖沼群

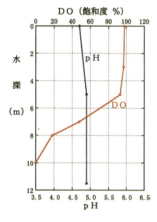

水温・電気伝導度 昆沙門沼

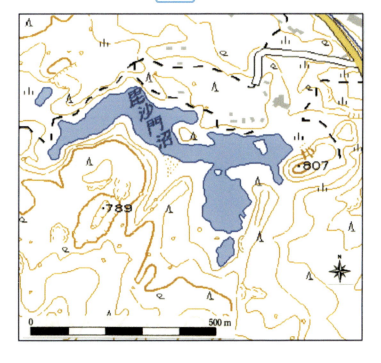

地形図 昆沙門沼

pH・DO 昆沙門沼

昆沙門沼（2010年5月，佐藤芳徳撮影）

赤沼（2010年5月，佐藤芳徳撮影）

2-6 裏磐梯湖沼群

深泥沼 深泥沼は，水域によって湖色が変化する湖である．西域の深い部分では青緑色，東域のやや浅い部分では赤褐色にみえる．これは湖底から湧出する地下水に関連している．最大水深 4.6 m，湖面積 0.01 km^2 である．流入河川も流出河川もなく，冬季は，結氷しない．水質は，pH が夏季の表層で 6.2〜6.5 である．鉄栄養湖に分類されているが，鉄イオンは減少傾向にある．魚類はウグイ，アブラハヤがみられる．

竜沼 竜沼は，深泥沼のすぐ西に位置し，湖水の色は，緑白色である．最大水深 10.5 m，湖面積 0.008 km^2 である．水温は夏季の表層で約 19℃，水温躍層はほとんどみられず，冬季は結氷しない．水質は，pH が 6.4〜6.6 である．透明度は 1980 年に 4.9 m，1991 年に 6 m を観測し，プランクトンは少なく，魚類はウグイ，アブラハヤがみられる．1970 年代には，国際生物学事業計画（IBP）の一環により，日本の非調和的湖沼の代表的な例として総合的な湖沼調査が行われた湖としても知られる（Mori and Yamamoto, 1975）．

弁天沼 弁天沼は，毘沙門沼の次に大きい．湖の色は青色ないし緑色である．最大水深 6.7 m，湖面積 0.03 km^2 である（富田，1994）．水温は，夏季の表層で約 21℃，冬季は結氷する．水質は，pH が 4.6，湖水には硫酸イオンが大量に含まれ，酸栄養湖に分類される．強酸性の水域に適応したウカミカマゴケが西域の湖底を覆い，透明度は約 4 m，プランクトンは少なく魚類はみられない．

青沼 青沼は，弁天沼の西，瑠璃沼のすぐ北に位置する．湖の色は，透明感のある青色で，まさに青沼の名にふさわしい．最大水深 5.7 m，湖面積 0.006 km^2 である．水質は，pH が 4.6 で酸栄養湖に分類される．硫酸イオン量は，弁天沼に次いで多い．湖底まで見通すことができるほど水が澄んでいる．プランクトンは少なく，魚類はみられない．湖岸にはアシが生い茂り，ウカミカマゴケが湖底全体を覆い浅いところではマット状となっている．

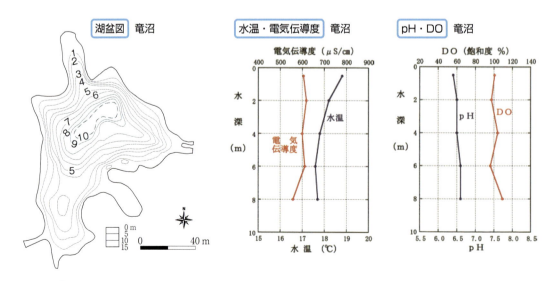

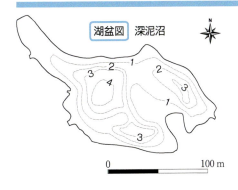

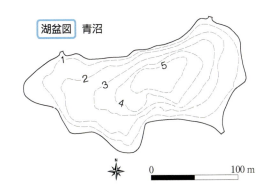

青沼（2010年5月，佐藤芳徳撮影）

2-6 裏磐梯湖沼群

瑠璃沼　瑠璃沼は，青沼の南にあり，この湖から流出した小河川が青沼に注いでいる．湖の色は，独特の青白色であるが濃い緑色に見えるときもある．最大水深 11.0 m，湖面積 0.02 km^2 である．水温は，夏季の表層で約 22.0℃，冬季は結氷しない．水質は，pH が 4.4 で青沼よりさらに酸性で，酸栄養湖に分類される．青沼と同様に湖底まで見通すことができるほど水が澄んでいる．プランクトンは少なく，魚類はみられない．湖底はウカミカマゴケに覆われている．

柳　沼　柳沼は，自然探勝路の西端に位置する．湖の色は，緑色である（p.25 参照）．最大水深 11.6 m，湖面積 0.02 km^2 である．水温は，夏季の表層で約 25℃，冬季は結氷する．水質は，pH が夏季の表層で 6.9～7.0 と中性である．中栄養湖に分類され，硫酸イオンは，ほかの湖よりかなり低い．透明度は 3.3 m であまり高くない．プランクトンは多く，魚類はウグイ，ワカサギ，フナ，アブラハヤ，コイなど多数が棲息する．

《銅　沼》

銅沼（赤泥沼）は，1888（明治 21）年の噴火によって生じた火口の中にある．火口は荒々しい火口壁に囲まれ，噴気口もみられる．噴気の中には硫黄分が多く含まれ，酸化されて硫酸となり，周辺の岩石から鉄，アルミニウム，カルシウムなどを溶出している．それらの沈殿物が湖底に堆積している．特に，鉄の酸化物は赤褐色を呈するため，湖底が銅色あるいは赤色に見え，銅沼（赤泥沼）と呼ばれる．湖面標高は 1,088 m，湖面積 0.02 km^2，最大水深 3.2 m である．水温は，夏季の表層で約 23℃，水質は，pH が約 3 と強酸性である．風光明媚なため，登山客が訪れている．

瑠璃沼（2010 年 5 月，佐藤芳徳撮影）

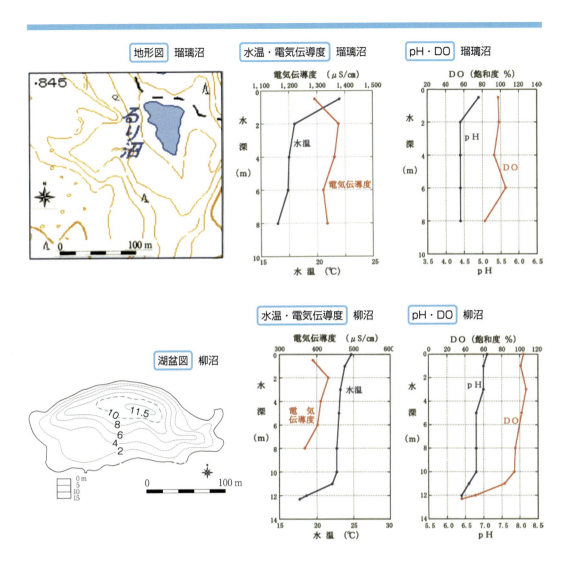

銅沼（堀内清司氏撮影）

2-6 裏磐梯湖沼群

2-7 猪苗代湖

——湖水がさまざまに利用される水質のよい湖

　猪苗代湖は，福島県の中央部，磐梯山の麓に位置する．成因については，磐梯火山などの火山噴出物による堰止め説，地殻変動による陥没説などがあるが，現在では複合的な成因によると考えられている．約40万年前に始まった断層活動に伴う陥没によって猪苗代盆地の原形がつくられた．その盆地にたまった水を排出する河川が，周辺火山からの泥流や岩屑流などによって堰止められ，水がたまりはじめた．10万年くらい前には，すでに湖成堆積物の生成が始まっていたとされている．約4万年前に最も水位が高くなり，湖面標高が約530mに達し湖域も拡大した．その後，気候変動などにより水位は変動し，やがて現在の平均標高514mに落ち着いた．湖の北西部には，泥流堆積物からできている小さな翁島が浮かんでいる（鈴木，1987など）．

　湖面標高は514m，最大水深94.6m，平均水深51.5m，湖面積104.8 km^2，集水域面積（湖面積を除く）717 km^2，容積5.4 km^3，湖岸線延長50.40 km，長径14.2 kmである．湖面積は，日本第4位である．おもな流入河川は，北岸へ流入する長瀬川で総流入量の50%以上を占めている．次いで南岸へ流入する舟津川がある．天然の流出河川は，北西岸から流出する日橋川であるが，東岸に安積疎水と新安積疎水の取入れ口がある．つまり猪苗代湖の水は，日本海と太平洋の両方に流出していることになる．湖への流入量は，約31.7 m^3/secで平均滞留時間は約5.4年である．湖からの流出は，ほとんど人的に管理され，農業用水，発電用水などに利用されている．

　水温は，夏季の表層で22〜24℃，水深50m以深は4〜5℃で，水温躍層は10〜25mにある．湖面が全面結氷することはないが，湖岸の樹木や岸壁，堤防などに波しぶきがかかり，これが凍って氷となる"しぶき氷"が見られる．水質は，pHが4.5〜5.1で酸性である．この原因は最大流入河川である長瀬川の上流に硫黄鉱山の廃鉱があり，そこから強酸性の水が大量に流出しているためとされる．長瀬川以外の流入河川のpHは6〜7と，ほぼ中性の値となっている．

　溶存酸素は全層で90%以上であり，CODは0.5〜0.7 mg/Lときわめて低い値である．全窒素は1986年に0.316 mg/L，全リンは0.003 mg/Lと低い値であり，現在でもほとんど変化がない．透明度は，1920年代では十数mであったが，1930年に27.5mと上昇した．その後は，徐々に低下し，近年では5〜8mとなっている．プランクトンは，酸性の湖に適した種類のものが優占種で夏季に増加することもあるが，種類，数ともに少ない．魚類はウグイ，フナ，コイ，モロコ，アブラハヤ，ワカサギなどが棲息しているが，大きな湖としては，種類，数ともにそれほど多くない．内水面漁業としてウグイなどの漁獲がある．

　湖水が広い地域に導水され，農業用水，工業用水，生活用水などさまざまな用途に利用されている．また，多くの野鳥が棲息し，特に冬季には多数のハクチョウ類が渡来する湖として知られている．

湖盆図

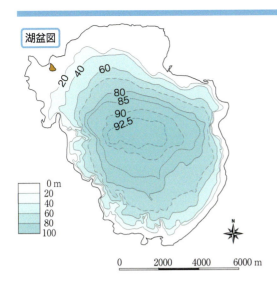

水温・電気伝導度

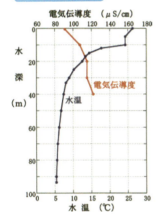

pH・DO

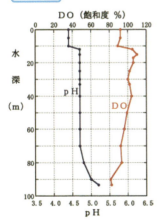

地勢図

(2010年5月, 佐藤芳徳撮影)

2-7 猪苗代湖

第3章 ● 関　東

3-1　日　光　湯　ノ　湖

―― 湯の香漂う山間の湖

　湯ノ湖は，栃木県北西部の日光国立公園の中にあり，奥日光戦場ヶ原の北西に位置する．三岳の火山活動による噴出物や溶岩によって谷が堰止められてできた堰止め湖である．周囲を三岳，前白根山，外山などに囲まれた山間の湖で，湖畔に日光湯元温泉があり，湯煙が漂い硫黄のにおいが鼻をつく．東岸は，三岳による溶岩からできた兎島半島が突出し，西岸には山稜が迫っているが，北岸は平坦で温泉集落が分布している．

　湖面標高は 1,475 m，最大水深 12.5 m，平均水深 5.3 m，湖面積 0.35 km^2，集水域面積（湖面積を除く）約 18.2 km^2，容積 0.0017 km^3，湖岸線延長 3.00 km，長径 0.9 km である．流入河川は，北岸の白根沢，大ドブ，小ドブなどであるが，西岸に湧水がある．また，北西岸にある湯元下水処理場の処理水も流入している．湖底からも湧水があり，平均流入量は約 1.13 m^3/sec で，そのうち約 85% を湧水が，9% を白根沢が占めている．流出河川は，南岸の湯川のみで，高さ約 110 m の湯滝となって流出する．平均滞留時間は，約 0.05～0.08 年（25～30 日）と推定されている．

　水温は，夏季の表層で 18～19℃，深層で約 11℃，水温躍層は 1～4 m と浅いところにある．冬季は結氷するが，湧水がある場所では水面がみえる．水質は，pH が春季の表層で 8.0～8.2 とややアルカリ性で，夏季は 7.6～7.8，深層では 6.8 と変動がある．秋季には全層が 7.0 と中性になる．溶存酸素量は，夏季の表層でほぼ 100% あるいはやや過飽和で，深層では急激に減少し 10% 以下となる．1929 年にはすでに湖底付近で無酸素状態であったことが報告されているが，多少の変動があり，無酸素状態にならないこともある．

　COD は，1971～1996 年の平均で 2.22 mg/L，最近でも約 2.0 mg/L である．全窒素は，1978～1996 年の平均で 0.386 mg/L，全リンは 0.0238 mg/L で，富栄養湖に分類される．これらの値は，季節変化するほか，水深によっても変化が大きい．透明度は，1927 年に 3.5 m，1972 年に 4.0 m が観測された．1992 年から湖の浚渫工事が始まり，1995 年には 1.9 m と低下したが，工事終了後は 1996 年に 2.9 m と回復している．プランクトンは，種類，数とも多く，植物プランクトンではケイ藻類やリョク藻類が多い．魚類は，カワマス，ワカサギ，ウグイ，コイなどが多数棲息し，ヒメマスやニジマスの放流が行われている．

　湖周辺をうっそうとしたモミやダケカンバの森林が取り巻き，古くから日光湯元温泉とともに観光地として有名で，多くの湯治客や観光客が訪れていた．1970 年代から湖の水質悪化が問題となった．湖の環境保全のために，流入する下水の処理場の設置，湖底のヘドロの浚渫事業など，水質浄化対策が行われその効果が現れている．また，2005 年には，湯ノ湖，湯川，戦場ヶ原，小田代ヶ原のうちの 260.41 ha が「奥日光の湿原」としてラムサール条約湿地に登録され，さらなる保全が図られている．

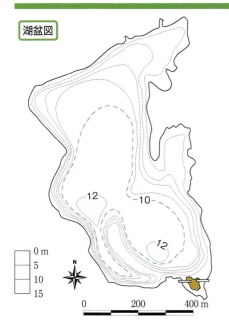
湖盆図

（2010年5月，佐藤芳徳撮影）

地勢図

水温・電気伝導度

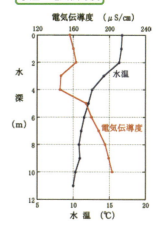

（堀内清司氏撮影）

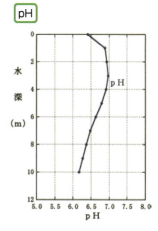
pH

3-1 日光湯ノ湖

3-2 中禅寺湖

―― 日光国立公園の中の幽玄の湖

　中禅寺湖は，栃木県の北西部に位置する．日光国立公園の中にあり，男体山（2,484 m）の山懐に抱かれるように湖面が広がっている．成因は，男体山の火山活動ときわめて深く関連している．男体山の火山活動が盛んであった約2万年前，それまで東ないし東南に流れていた河川は，男体山の成長に伴って徐々に南へ押しやられ，ついには堰止められて天然のダム湖ともいうべき中禅寺湖ができあがった．湖からの唯一の流出河川である大谷川には，著名な華厳の滝がかかっていて，落差は97 m である．華厳の滝付近の地質構造をみると，最下部は古期花崗岩類でその上に火山砕屑岩と溶岩流の互層があり，上部は華厳溶岩と呼ばれる堅く緻密な溶岩に覆われている．この華厳溶岩の厚さは，華厳の滝周辺では約50 m である．華厳の滝周辺の崖壁を見ると，堅い華厳熔岩の下部からいくつもの水流が滝となって流れ落ちている．これらは十二の滝と呼ばれ，中禅寺湖からの地下水流出水であるため，中禅寺湖の水収支や華厳の滝の後退と密接に関連している．男体山の山麓から湖の北東面の斜面は，現在の湖岸部に段丘が認められるだけで，湖面の停滞を示す形跡がなく，比較的短時間に現在の湖が形成されたと考えられている．

　湖面標高は 1,269 m，最大水深 172 m，平均水深 94.6 m，湖面積 11.62 km^2，容積 1.13 km^3，集水域面積（湖面積を除く）119.68 km^2，湖岸線延長 22.4 km である．おもな流入河川は，北部の菖蒲ヶ浜に湯川（地獄川），西部の千手ヶ浜に柳沢川，外山沢川などがある．流出河川は東部の大谷川で流出口に中禅寺ダムが設けられていて，人為的に流出量がコントロールされている．広大な集水域を有し流入量は 5.28 m^3/sec で，湖水の平均滞留時間は約 5.9 年である．

　水温は，夏季の表層で約 22～23℃，水温躍層が 10～20 m にあり，湖底付近では約 4℃である．12 月下旬には約 5℃で湖底まで一定の温度となる．その後，2～3℃まで水温は低下し，2 月上旬には逆列成層している．湖面標高が高いため湖周辺の気候は厳しく，最高気温が 0℃未満の真冬日が連続することもあるが，深く容積が大きいため，湖面が全面結氷することはきわめて少ない．近年では，1984 年の冬に約 40 年ぶりに全面結氷し，3 月 26 日に氷厚 32 cm が観測されている．それ以降，全面結氷の記録はない．水質は，pH がほぼ中性で夏季の表層では 8.0 を超えることもある．溶存酸素量は，ほぼ全層にわたって 100% 付近のことが多いが，夏季の 20 m 付近で過飽和となり，湖底では減少がみられる．COD は 1.0～1.3 mg/L，全窒素は 0.16 mg/L，全リンは 0.007 mg/L 程度で貧栄養湖に分類される．透明度は 1927 年に 18.1 m が観測されたが，最近は夏季に 10 m 程度である．植物プランクトンは，リョク藻類やケイ藻類が多く，淡水赤潮が発生したこともある．魚類は，ニジマス，ワカサギ，ヒメマスなどが多数棲息する．

　湖周辺は，明治時代から避暑地として諸外国大使館の別荘が建てられ，著名ホテルが立地した．歴史遺産や多様な自然を求めて，四季を通じて観光客が多い．

湖盆図

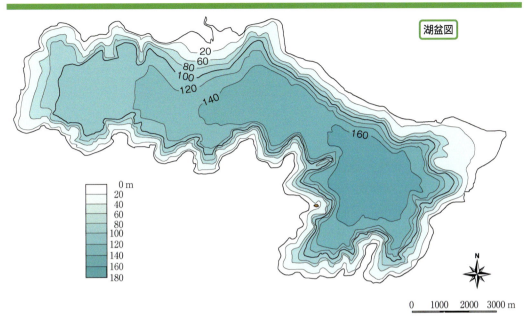

水温

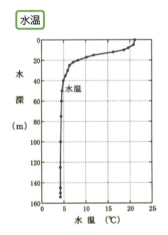

（2010年5月，佐藤芳徳撮影）

pH・DO

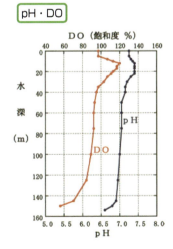

華厳の滝と中禅寺湖からの漏水（2010年5月，佐藤芳徳撮影）

3-2 中禅寺湖

3-3 霞ヶ浦

―― 日本第 2 位の面積をもつ平地の湖

　霞ヶ浦は，茨城県南東部に位置する．霞ヶ浦とは，正式には西浦，北浦，外浪逆浦の 3 湖と北利根川，鰐川，常陸川の 3 河川の総称で，河川法上では常陸利根川と呼ばれている．狭義には，最も大きい西浦を霞ヶ浦と呼んでいる．西浦だけでも琵琶湖に次いで，日本で第 2 位の面積をもつ．かつての入り江が河川の堆積作用や地盤の沈降などによって取り残された海跡湖である．約 3 万～2 万年前，海面が低下し，それまで海底だったこの地域が陸地になると，多くの谷が形成された．その後，約 6000 年前に海面が上昇し，それらの谷に海水が侵入して溺れ谷となった．さらには，河川が運ぶ土砂によって出口が塞がれ，海退によって海から切り離された．また，関東造盆地運動による地盤の沈降や利根川の流路変更による土砂の堆積があり，ほぼ現在の形となった．西浦は，台地を刻む河川の合流点を中心に広がり，湖盆は大きな Y 字形となっている．

　湖面標高は 0 m，最大水深は，西浦 7.0 m，北浦 10.0 m，平均水深は，西浦 3.4 m，北浦 4.5 m，湖面積は 3 湖で 208.5 km^2（西浦 168.18 km^2，北浦 34.39 km^2），集水域面積（湖面積を除く）2,157 km^2，容積約 0.85 km^3．湖岸線延長は，西浦 119.50 km，北浦 63.50 km，長径は，西浦約 32 km，北浦約 24 km である．流入河川は，西浦には恋瀬川，桜川，花室川など，北浦には巴川，鉾田川などである．流出河川は常陸利根川で，利根川と合流して太平洋に注ぐ．合流点には，水位調節と

地勢図

湖盆図 霞ヶ浦

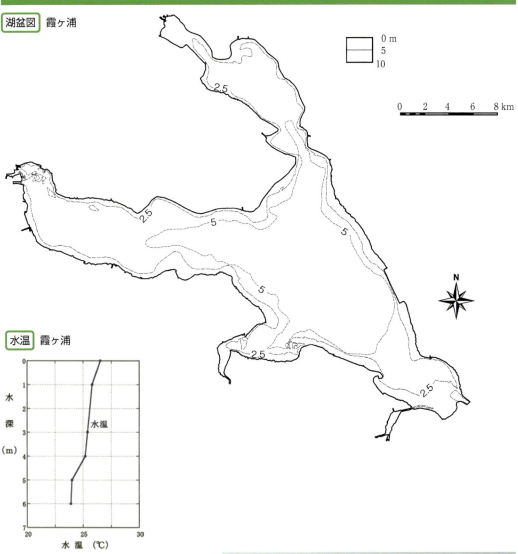

水温 霞ヶ浦

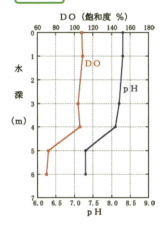

pH・DO 霞ヶ浦

霞ヶ浦北東湖面にかかる橋梁（2011年2月，大八木英夫氏撮影）

海水侵入防止のための常陸川水門がある．年間総流入量は約14億 m³ で，平均滞留時間は約 0.6 年（200日）と推定されている（福島，1984など）．

　水温は，夏季の表層で 27〜28℃，深層で約 24〜26℃ である．水温躍層はみられない．冬季の表層では約 3℃ で結氷しない．水質は，面積が大きく水域による変化が大きい．西浦の湖心では，pH は夏季の表層で 9.1〜9.5 と強いアルカリ性になることもあり，底層ではやや低くなる．溶存酸素量は，夏季の表層では過飽和であるが，底層では無酸素に近い状態になる．CODは，西浦の湖心で 7〜8 mg/L，全窒素は 0.8〜1.0 mg/L，全リンは，0.10〜0.12 mg/L であり，富栄養湖に分類される．透明度は，1950 年代では 0.4〜2.6 m であったが，1970 年代には 0.6 m 以下となり，0.03 m という極端に低い値が観測されたこともあった（環境庁，1993）．最近では 0.6 m 程度のことが多い．プランクトンは，種類，数とも富栄養型のものがきわめて多く，かつてはアオコが異常発生して，湖水の緑色化や悪臭を引き起こしたが，最近は少なくなった．魚類は，ワカサギ，コイ，フナ，ハゼ，ウグイ，ウナギ，ナマズ，ハクレン，モツゴなどの淡水種が多数棲息するほか，汽水種のシラウオや海水種のボラやスズキもみられる．最近は，オオクチバスがよくみられるようになった．

　霞ヶ浦は，8世紀初めに編まれた『常陸国風土記』にも流海（ながれうみ）の名で登場する．江戸時代初期から農業用水や漁場として利用され，昭和に入ると，魚類や貝類（シジミ）の漁獲も多くなり，ワカサギ漁の帆曳船は夏の風物詩であった．戦後になって，霞ヶ浦開発事業により本格的な水資源開発が進められ，農業・生活・工業用水など合計 119 m³/sec の水が利用できるようになった．

東岸から望む霞ヶ浦（2011年2月，大八木英夫氏撮影）

湖盆図 北浦

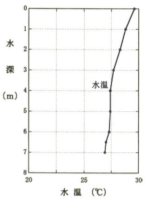
水温 北浦

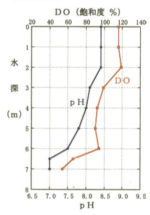
pH・DO 北浦

霞ヶ浦からの流出口付近（2011年2月，大八木英夫氏撮影）

3-3 霞ヶ浦

3-4 手賀沼

――人口稠密地にあってさまざまな人的影響を受ける

　手賀沼は，千葉県北西部に位置し，侵食谷が河川堆積物によって堰止められた堰止め湖である．現在の利根川下流域の一帯は，洪積世のころは海であった．その後，地盤の隆起により洪積台地が形成され，多数の侵食谷が刻まれた．また，地盤が沈降する地域もあって，湿地や湖が広がっていたとされる．もともと，手賀沼は小貝川の水系であったが，江戸時代の初期に利根川の流路が変更され，それまで東京湾に注いでいた利根川が東遷してからは，利根川の水系に入るようになった．そのころから各地で新田開発事業が盛んになり，手賀沼でも干拓が行われるようになった．1946年，手賀沼の干拓は農林省（当時）の直轄事業として着手され，1968年に完成した．これにより約500 haの水田が造成され，湖の面積は減少し，ほぼ現在の形となった．

　湖面標高は3 m，最大水深3.8 m，平均水深0.9 m，湖面積6.50 km^2，集水域面積（湖面積を除く）148.85 km^2，容積約0.0056 km^3，湖岸線延長36.50 kmである．流入河川は，大堀川，大津川，金山落など，流出河川は手賀川で農業用水の取水口がある．平均滞留時間は，13.9日と推定されている．

　水温は，夏季の表層で30℃を超え，深層でも約28℃である．水温躍層はみられない．水質は，1960年代からの高度経済成長時代に流域人口が急激に増加し，生活雑排水の流入によって極度に汚染されたことで知られる．1964年から2001年までの27年間，全国で水質汚濁度が最も大きい湖といわれた．pHは，かつては夏季の表層で9.0～10.0であったが，最近は7.8～9.5である．年間を通して全層8.0以上のことが多い．溶存酸素量は，表層では過飽和であり，深層では急激に減少する．CODは，1960年代では10 mg/L以下であったが，1979年には43.5～48.8 mg/Lときわめて高い値となり，1991年には14.9～18.2 mg/L，最近では8～10 mg/Lであるが，水域によって変化し季節変動もみられる．全窒素は，1981年に5.69～20.94 mg/Lときわめて高い値であったが，1991年に4.61 mg/L，最近は2.0～3.0 mg/Lで2.0 mg/Lを下回ることもある．全リンは，1981年に0.68～2.29 mg/L，1991年に0.478 mg/L，最近では0.12～0.28 mg/Lと低減傾向にある．しかし，汚濁が解消されたわけではなく富栄養湖に分類される．透明度は，1940年では約1.5 mであったが，1979年は0.3～0.6 m，1991年は0.4 mで回復傾向にある．プランクトンは，種類，数とも富栄養型のものがきわめて多く，アオコの発生もみられる．魚類は，コイ，ウナギ，ワカサギ，フナ，モツゴなどが多数棲息し，最近はオオクチバスやブルーギルが増えた．

　手賀沼は，1960年代から水質が悪化したため，下水道の整備，終末処理場の建設，アオコの回収，流入河川の浄化施設の設置，ヘドロの浚渫，生活雑排水の排出抑制など多くの対策がとられ，それらが実を結び，徐々にではあるが湖水環境が改善されつつある．首都圏にある貴重な水辺で，鳥類なども多く，周辺の人々の憩いの場としての価値も高い．

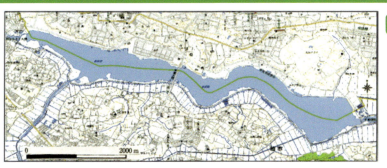
地形図

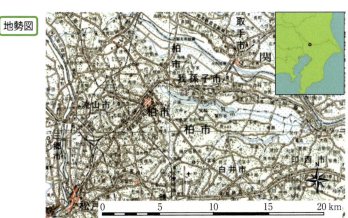
地勢図

手賀沼への流入河川，釣りでにぎわう（2011年2月，大八木英夫氏撮影）

湖中の河童のモニュメント（2011年2月，大八木英夫氏撮影）

手賀沼中央の湖面を横断する橋（2011年2月，大八木英夫氏撮影）

南岸から望む手賀沼（2011年2月，大八木英夫氏撮影）

3-4 手賀沼

3-5 榛　名　湖

―― 多くの観光客が訪れる山上の湖

　榛名湖は群馬県の中央部に位置し，榛名火山のカルデラ内にある火口原湖である．榛名火山は掃部ヶ岳（1,449 m）を最高峰とする二重式火山で，烏帽子ヶ岳，掃部ヶ岳，三ッ峰山などの外輪山に囲まれたカルデラ内に，榛名富士と蛇ヶ岳の中央火口丘，および火口原湖の榛名湖がある．榛名火山の活動は約40万年前から始まり，活発な噴火の後に2,000 mを超える富士山型の成層火山が形成された．その後，噴火，山頂での水蒸気爆発による山体破壊，古カルデラの形成などの火山活動を経て，現在の山容の原型ができたのは約4万年前である．このころ，現在みられる東西約4 km，南北約2.5 kmのカルデラが形成された．現在の中央火口丘である榛名富士と蛇ヶ岳は約1万年前に出現した．6世紀末に最も新しい噴火活動が現在の二ッ岳付近で起こり，カルデラのほぼ全体を占めていたと考えられる湖の東の部分は火山噴出物で埋められ，二ッ岳から続くなだらかな斜面となっている．湖として残った西の部分が，現在の榛名湖である．

　湖面標高1,084 m，最大水深15 m，平均水深10.2 m，湖面積1.12 km^2，集水域面積（湖面積を除く）4.56 km^2，容積0.01145 km^3，湖岸線延長4.6 km，長径約1.5 kmである．顕著な流入河川はなく，南東岸に小河川がみられる程度である．また，流出河川は北東部の沼尾川のみであるが，用水の取入れ口として西部の長野堰がある．平均滞留時間は，1.1～1.6年と推定されている．

　水温は，夏季に表層で24～25℃，水温躍層が水深5～8 mにあり，湖底付近では約7℃である．11月下旬には，約9℃で表面から湖底まで一定の温度となり，湖水の混合が盛んになる．冬季には結氷する．湖が全面結氷するのは，1月上旬から下旬で，前年の12月末に結氷してしまう年もある．解氷するのは3月下旬から4月初めである．結氷時の湖底付近の水温は，2～3℃である．水質は，pHが6.5～8.0である．秋季の循環期には7と中性になり，夏季の表層では，約8.8でアルカリ性となり変動が大きい．溶存酸素量は，夏季の表層で過飽和であり，水温躍層以深は急激に減少し，湖底付近ではほとんど無酸素状態となる．CODは，5 mg/Lを超えたときもあったが，現在は約3 mg/Lである．全窒素は0.2～0.3 mg/L，全リンは0.01～0.02 mg/Lで中栄養湖に分類される．透明度は，1930年代に急落したこともあったが，現在は夏季に4～5 mで，秋季では2～3 mである．山上の湖であるため水質は元来良好であったが，湖周辺の宿泊施設，土産物店，集落などからの雑排水により，一時悪化した．しかし，下水処理施設が完成し，水質改善が進んでいる．プランクトンは，種類，数ともに多い．魚類は，ワカサギ，ヘラブナ，コイ，ニジマス，ウグイなどが棲息している．また，近年，放流されたオオクチバスがその数を増している．氷上のワカサギ釣りは冬季の風物詩であったが，氷の張り具合が不十分で中止となる年もある．首都圏からの交通の便がよく，イベントなども多数開催され，四季を通して多くの観光客が訪れている．

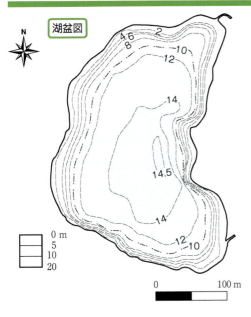

湖盆図

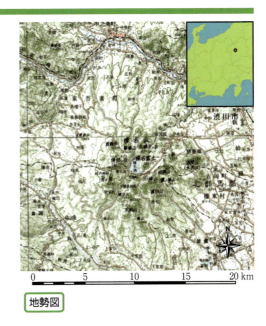

地勢図

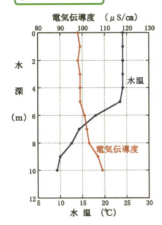

水温・電気伝導度

榛名富士を望む（2010年4月，佐藤芳徳撮影）

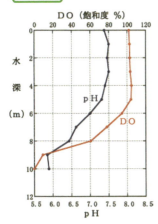

pH・DO

観光用ボートでにぎわう（2006年10月，山中　勝氏撮影）

3-5　榛　名　湖

3-6 湯釜

――緑白色の強酸性の湖水

　湯釜は，群馬県の北西部に位置し，白根火山（2,162 m）の爆裂火口に湛水した火口湖である．上信越高原国立公園の中にあり，周辺は典型的な火山地帯で，いたる所に硫化水素ガスの噴出が見られ，酸性土壌が卓越する荒涼とした景観となっている．白根山は，逢ノ峰，本白根山（2,171 m）とともに草津白根火山と総称されており，その最初の活動は60万〜50万年前であったとされている．江戸時代にも噴火の記録はあるが，詳しい記録の残る噴火は，1882（明治15）年のものからで，以後1897, 1902, 1927年など頻繁に噴火を繰り返している．1882年当時，すでに湯釜，水釜，涸釜などの凹地があり，湯釜，水釜は水をたたえていたが，大きな噴火が湯釜内で起き，それまで草木の繁茂していた湯釜周辺は一変し，火山灰や白色粘土で覆われた．湯釜以外の火口からの噴火によっても植生が破壊され，また火山ガスの影響もあり，現在でもイタドリ，コメススキなどの限られた植物しか生育していない．草津白根火山の東麓には草津温泉があり，泉源の1つである湯畑を中心に温泉街が広がっている．草津温泉の全湧出量は34,000 L/分であり，全国でも有数の豊富な湯量と泉質を誇っている．

　湖面標高2,000 m，最大水深35 m，平均水深12.5 m，湖面積0.04 km^2，湖岸線延長0.9 km，長径300 mである．集水域は火口内であるので狭く，流出河川もない．

　水温は湖底に噴気口があることから複雑な変化を示す．平均的にみると，夏季の表面水温は約18℃で，湖底付近では16℃と垂直的な変化が少ない．水深が20 m以上あっても水温躍層がほとんど形成されないのは，噴気口から熱の供給があり冷たい水塊が深層にとどまれないためと考えられている．隣接する水釜，涸釜，弓池などは10月末には凍結し，容量が大きい湖も11月中には全面結氷する．湯釜は12月から1月にかけての寒波で一度凍結し，その後表面の氷が溶けて水面が再び顔を現すことが多い．これは結氷することにより，湖底からの熱が湖内に閉じこめられて内側から温められるためで，特に噴気口の上の湖面は凍結せずに春を迎えることもある．また，火山活動に伴って，湖水の一部で温度が一時的に急上昇することもある．水質は，pH 1.2と世界でもまれにみる強酸性で，1949年にpH 0.6，1984年にはpH 0.9を観測している．水色は独特の緑白色で，水中に漂う火山灰などの火山噴出物や硫黄を含んだ微粒子に太陽光が反射することによるものである．湯釜周辺の岩石は，含まれていた鉄分などが火山ガスや酸性水に溶脱され，おもにケイ酸分が残って白色を呈しており，それが湖内に流入している．透明度は0.58 mという記録があるが，実際は0.3 m程度ときわめて小さい．生物は強酸性のために，硫黄細菌のような特別に酸性に強い生物を除いて，ほとんど棲息しない．

　草津志賀高原ルート沿いの駐車場から約15分坂道を登ると湯釜の火口縁に到達し，湖面が一望できる．危険なので火口縁にはネットが張られ，湖面まで下りていくことはできない．

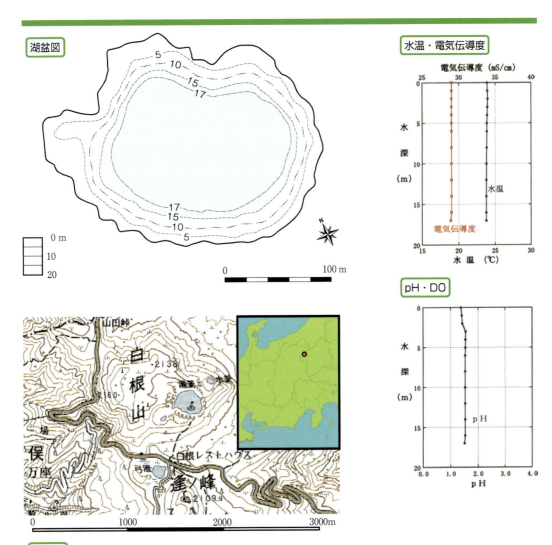

湖盆図

水温・電気伝導度

pH・DO

地勢図

(2007年4月，佐藤芳徳撮影)

3-6 湯釜

3-7 芦ノ湖

── 富士箱根伊豆国立公園に位置する景勝地

　芦ノ湖は，神奈川県の南西部，富士箱根伊豆国立公園内に位置する．箱根火山の活動によって生じたカルデラ内で土砂により河川が堰止められた堰止め湖である．箱根火山の活動は約40万年前に始まり，約20万年前，古箱根火山と呼ばれる高さ約2,700 mの富士山型の成層火山が出現した．この後，山体の中央に陥没が起き，大きなカルデラができた．カルデラ内は湛水し，巨大な湖ができたと考えられている．カルデラの陥没に続いて再び火山活動が始まり，20万〜8万年前には傾斜の緩やかな楯状火山が形成された．その後，約5万年前に活発な火山活動が始まり，激しい噴火により楯状火山の西側が大きく陥没して新しいカルデラができた．このカルデラの中にも水がたまって湖が出現したが，この湖は火口瀬である早川の下刻が進んで干上がり，湿原となったとされている．数万〜数千年前の間に小規模な噴火が続いて，神山，駒ヶ岳，二子山，冠ヶ岳などの中央火口丘が次々と形成された．約3000年前に起こった神山の水蒸気爆発により大涌谷が生まれ，吹き飛ばされた山体が土砂崩れとなって早川を堰止め，芦ノ湖が誕生した．

　湖面標高は，724 m，最大水深43.5 m，平均水深25.0 m，湖面積6.88 km^2，集水域面積（湖面積を除く）約27 km^2，容積約0.18 km^3，湖岸線延長19.20 km，長径6.5 kmである．流入河川は明神川で流量は少ない．流出河川は北岸の早川で，現在流出口には水門（湖尻水門）が設けられ水位調節されている．流出の多くは，1670（寛文10）年に完成した深良水門によって分水嶺を越えて静岡県側に流出している．流量は，灌漑期で2.5〜3 m^3/sec（最大5 m^3/sec），非灌漑期で1.2〜1.5 m^3/secであり，農業用水などに利用されているが，水利権は神奈川県ではなく静岡県の水利組合にあり，静岡県の水田を潤している．

　水温は，夏季の表層で24〜25℃，深層で6〜7℃，水温躍層は水深7〜14 mにある．冬季は，全層4〜5℃で結氷しない．水質は，pHがかつては夏季の表層で9.0くらいまで高くなったこともあったが，最近は7.2〜7.8で，秋季には全層が7.2〜7.3である．溶存酸素量は，夏季の表層で90〜100％と飽和しているが，深層では減少し湖底付近では無酸素状態となる．秋季から冬季にかけては湖水が垂直循環するために回復する．CODは，1971年に0.7〜0.9 mg/L，1990年に1.7 mg/L，最近では，1.19〜10.0 mg/Lと変動が大きい．全窒素は，1990年に0.19 mg/L，全リンは0.006 mg/Lで，中栄養湖に分類されている．これらの値も，季節変動がみられる．透明度は，1927年に13〜16 mと高かったが，1970年には3.5〜6.6 mと低下した．1991年は7.0〜7.5 mを観測しており，季節変動も大きい．プランクトンは，種類，数ともに多い．魚類は，もともと少なかったために放流が盛んに行われ，現在ではヒメマス，ニジマス，ワカサギ，ウグイ，オイカワ，ヤマメ，イワナ，コイ，ウナギなど多種が棲息している．また，1925年に日本で初めてオオクチバスが放流された．首都圏にあり，国内外から多くの観光客が訪れている．

湖盆図

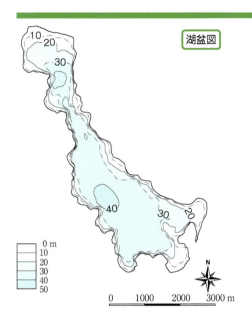

水温

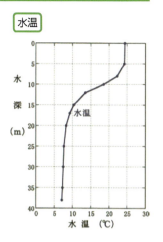

pH・DO

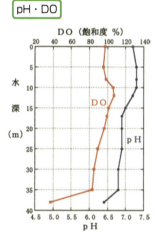

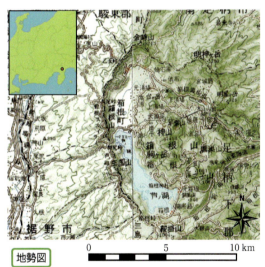

地勢図

（2010年11月，大八木英夫氏撮影）

（2010年11月，大八木英夫氏撮影）

3-7 芦ノ湖

第4章 ● 甲信越・東海・北陸

4-1 富士五湖

――「富士山：信仰の対象と芸術の源泉」の一部としての世界遺産

　富士五湖は，山梨県南部，富士火山の北麓に位置する．富士箱根伊豆国立公園の中にあり，東から山中湖，河口湖，西湖，精進湖，本栖湖の順に連なっている．これらの湖は，富士火山の噴火による溶岩流が谷を堰止めてできた堰止め湖である．富士火山（3,776 m）は，日本の最高峰で成層火山特有の秀麗な容姿をもち，古くから多くの人に親しまれ，詩歌に詠まれたり絵画に描かれたりしてきた．現在でも活動を続ける活火山である．この地域の火山活動は，数百万年前にはすでに始まっていたとされているが，古富士火山の活動は約 10 万年前に始まった．8000～5000 年前の静穏な時期を経て，新富士火山は再び火山活動を開始し，歴史時代に入っても噴火などの記録が数多く残っている．

　富士五湖周辺の火山活動と湖の形成についてみると，約 2 万年前，古富士火山が噴火し，大量の噴出物のあとに大きな火山性陥没が生じた．この陥没地に湛水してできた湖は，東から宇津湖，明見湖，旧河口湖，剗の湖と呼ばれる．これらの湖は，新富士火山の噴火が始まると噴出物で埋まりはじめた．約 5500 年前の噴火で，宇津湖，明見湖，旧河口湖はほとんど埋まり，剗の湖も面積が半分くらいになったとされる．剗の湖は現在の西湖，精進湖，本栖湖の位置にあった．また，宇津湖は盆地化したが，谷が発達し，山中湖の原形ができた．旧河口湖も盆地となったが，剗の湖からの溢流水が流れていた．約 4500 年前に始まった噴火によって，剗の湖が分断されて本栖湖ができ，旧河口湖を流れる河川を溶岩流が堰止めて新河口湖ができた．約 3500 年前の激しい噴火で剗の湖はさらに埋め立てられ小さくなった．1500 年前に始まった噴火は，特に 800～870 年（延暦～貞観年間）に激しく，溶岩流が谷を堰止めて現在の山中湖が形成された．また，先に形成されていた新河口湖もさらに堰止めが進み現在の河口湖となり，剗の湖は青木ヶ原溶岩流によって，西湖，精進湖，本栖湖に分かれた．このようにして，現在の富士五湖が誕生した．剗の湖の分断によって生じた西湖，精進湖，本栖湖の 3 湖は，水深は違うものの湖面標高はほぼ同じである．富士五湖は，形成年代や成因が似ているにもかかわらず，湖面標高，深度，面積などそれぞれ大きく異なっており，水質もまったく異なっている（諏訪編，1992 ほか）．富士五湖は，2013 年に「富士山：信仰の対象と芸術の源泉」の一部として世界文化遺産に登録された．

《山 中 湖》

　富士五湖の中で最も大きく，湖面標高も高い．なだらかな山々に囲まれ，明るい雰囲気をもっている．湖の主な集水域は南西部に広がる富士山の斜面であるため，降水の多くは地下に浸透し湖底に湧出している．

　湖面標高は 982 m，最大水深 13.3 m，平均水深 9.4 m，湖面積 6.78 km^2，容積約 0.069 km^3，湖岸線延長 14.10 km，長径 4.6 km である．大きな流入河川はない．流出河川は桂川で，相模川の

地勢図

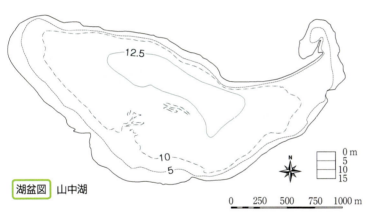

湖盆図 山中湖

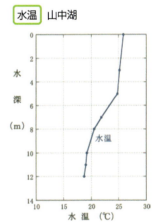

水温 山中湖

山中湖（2008年4月，大八木英夫氏撮影）

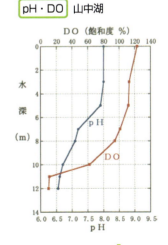

pH・DO 山中湖

4-1 富士五湖

源流部となっている．富士五湖の中で唯一自然の流出河川をもつため，ほかの4湖のように著しい水位変動はない．気候学的に求めた年間の流入量は，7639万 m^3（約 $2.4 m^3/sec$），平均滞留時間は，約0.9年と推定されている．

水温は，夏季の表層で約25℃，深層で15～20℃，水温躍層は水深5～10mにある．冬季は，表層で0～2℃に低下し全面結氷することもある．水質は，pHが夏季の表層で8.2～8.3とややアルカリ性となることもあるが，深層では中性である．溶存酸素量は，夏季の表層でほぼ100%と飽和しているが，10m以深では急激に低下し湖底付近では無酸素状態となる．秋季から冬季にかけて湖水が垂直循環するために，深層の酸素量は増加する．CODは，1971年に0.56～0.80 mg/L，1979年は2.3～2.5 mg/L，1991年では2.4 mg/Lであった．全窒素は，1990年に0.09 mg/L，全リンは0.007～0.01 mg/Lで，中栄養湖に分類されている．透明度は，1931年に7.5mを観測したが，1973年には5m，1986年は2.8～3.0mと低下した．最近は3～5mで，季節変動が大きく冬季は6mを超えることもある．プランクトンは，種類，数とも多く，魚類は，ワカサギ，コイ，フナ，ウグイ，アブラハヤ，オイカワ，モツゴ，ウナギなど多数棲息し，オオクチバス，ブルーギルもみられる．1956（昭和31）年にマリモが発見され，フジマリモと名づけられた．マリモの生育地の南限とされ，その後河口湖や西湖でもみつかっている．フジマリモは，直径約2cmで，阿寒湖のマリモに比べると小粒である．また，オオハクチョウの越冬地としても知られている．

《河口湖》

山中湖に次いで大きく，北側に急峻な御坂山地が迫り，南西側は足和田山があるが，南東側は富士山の斜面で開けている．東西に長く，湾曲した複雑な形状をしており，湖のほぼ中央には，標高859mの鵜の島がある．鵜の島の岩質は，御坂山地や湖底の基盤岩と同じで約2000万年前の海底火山活動によってできた岩石である．

湖面標高は832m，最大水深14.6m，平均水深9.3m，湖面積5.70 km^2，容積約0.056 km^3，湖岸線延長18.40km，長径約5.3kmである．流入河川は自然のものは小河川のみで，西岸に発電に利用された西湖の水が流入する．東岸に発電用の取水口があるが，自然の流出河川がないため水位の変動が大きく，湖底が広範囲に露出することもある．気候学的に求めた年間の最大流入量は，59,650,000 m^3（約 $1.9 m^3/sec$），平均滞留時間は約0.9年と推定されている．

水温は，夏季の表層で約25℃，深層で15～20℃，水温躍層は水深7～10mにある．冬季は，表層で1～2℃，ほとんど結氷しない．水質は，pHが夏季の表層で8.4～8.5であるが，9.0を超える値が観測されたこともある．そのほかの季節では，やや低くなる．溶存酸素量は，夏季の表層でほぼ100%であるが，8m以深では急激に低下し湖底付近では無酸素状態となる．CODは，1972～74年に0.3～3.6 mg/L，1990年は3.1 mg/L，1991年では2.3～2.7 mg/Lであった．全窒素は，1972年に0.2～0.47 mg/L，1990年に0.16 mg/L，全リンは1979年に0.009～0.011 mg/L，1990年に0.003 mg/Lであり，中栄養湖に分類されるが，富栄養湖とされることもある．透明度は，夏季に低下し冬季に上昇する．1930年では，5～6mを観測したが，1970年代には2～3mに低下した．最近は夏季に4～5m，冬季はやや上昇する．プランクトンは，種類，数とも多く，1970年代はアオコの発生もみられた．魚類は，ワカサギ，コイ，フナ，ウグイなどがみられる．また，オオクチバス，ブルーギルも多数棲息する．

湖盆図　河口湖

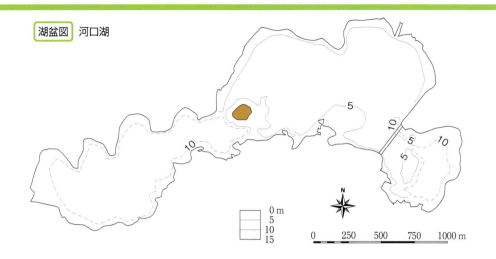

河口湖（2010年12月，大八木英夫氏撮影）

河口湖における過去の洪水記録（2013年8月，森 和紀撮影）

水温　河口湖

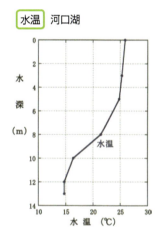

pH・DO　河口湖

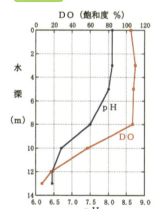

4-1　富士五湖　101

《西　　湖》

　河口湖の西約1kmに位置する．南東は足和田山，北側は十二ヶ岳，鬼ヶ岳などの山々に囲まれて，静かな落ち着いた雰囲気である．南西部は富士火山からの溶岩流が湖岸に迫っており，溶岩流上には青木ヶ原樹海と呼ばれる大樹林が広がっている．

　湖面標高は902m，最大水深73.2m，平均水深38.5m，湖面積2.12 km^2，容積約0.084 km^3，湖岸線延長9.60 km，長径3.4 kmである．流入河川は三沢川，桑留尾川，東入川，西入川などで，流出河川は自然のものはないが，東岸に発電用水の取水口がある．自然の流出口がないため水位変動が大きい．気候学的に求めた年間の流入量は51,530,000 m^3（約1.6 m^3/sec），平均滞留時間は約1.6年と推定されている．

　水温は，夏季の表層で23〜25℃，深層で約5℃，水温躍層は水深5〜10mにある．冬季は，表層で約3℃，深層で約4℃であり結氷しない．水質は，pHが夏季の表層では8を超えアルカリ性となることもある．溶存酸素量は，1979年では夏季の表層で90%程度であったが，30m以深では徐々に低下し湖底付近では無酸素状態であったことが報告されている．1991年には，表層で約90%，水深40mで65%，60mで約60%であった．CODは，1979年に1.6〜1.9 mg/L，1986年には3.62 mg/L，1991年では1.7〜1.9 mg/Lである．全窒素は，1991年に0.18 mg/L，全リンは0.007 mg/Lで，貧栄養湖に分類されている．透明度は，1932年に11.2mを観測し，その後も高い値を観測しているが，季節によっては6〜7mに低下する．植物プランクトンではケイ藻類が多い．魚類は，ワカサギ，ヒメマス，ニジマス，コイ，フナ，ウグイなどが多数棲息し，オオクチバス，ブルーギルもみられる．ヒメマス釣りで有名である．2010年に田沢湖の固有種であり，田沢湖では絶滅したとされたクニマスの棲息が西湖で確認され，話題となった．

　湖の南には，富岳風穴や鳴沢氷穴，溶岩洞穴などの火山地形がみられる．西湖の湖面は隣接する河口湖よりも60m以上高く，この落差を利用した発電所が1919年に建設された．

《精　進　湖》

　西湖の西約5kmに位置する．精進湖という名は，富士講が盛んだった時代，ここから登山する人が，この湖で精進潔斎してから出かけたことに由来する．東，北，西の三方を山地に囲まれ，ひっそりとした湖面が広がる．唯一開けた南東岸には青木ヶ原樹海が広がり，さらに側火山の大室山，それらを抱くように富士山が望まれる．

　湖面標高は901m，最大水深15.2m，平均水深7.0m，湖面積0.51 km^2，容積約0.0035 km^3，

西湖湖岸の量水標（2011年3月，大八木英夫氏撮影）

精進湖（2011年3月，大八木英夫氏撮影）

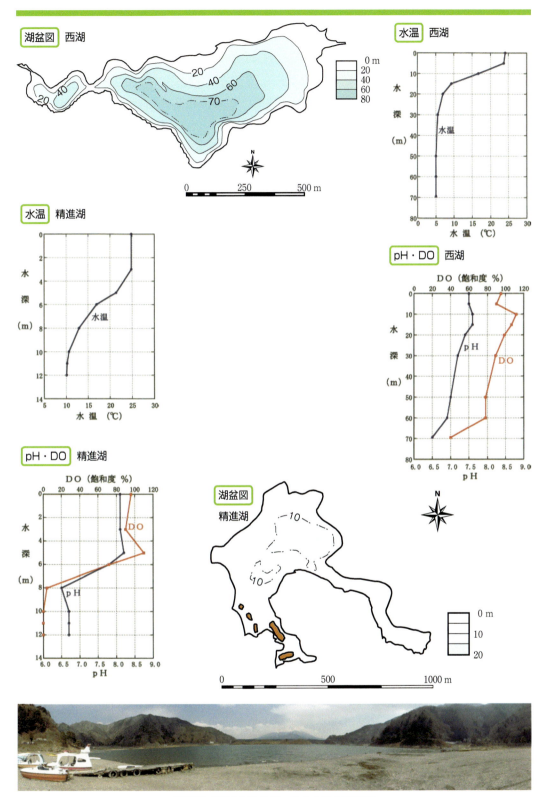

精進湖（2011年3月，大八木英夫氏撮影）

4-1 富士五湖

湖岸線延長 6.40 km，長径 1.4 km である．顕著な流入河川も流出河川もない．湖の水収支は，ほとんどが地下水流出入によるため水位変動が大きい．

水温は，夏季の表層で 26～27℃，水深 7 m で 15～16℃，湖底付近で 10～15℃，水温躍層は水深 3～7 m にある．冬季は，全面結氷する．水質は，pH が 1991 年の夏季の表層で 8.5～9.1 とややアルカリ性であった．溶存酸素量は，夏季の表層ではほぼ 100% であるが，7～8 m 以深では約 40% と急激に低下し湖底付近では無酸素状態となる．深層での溶存酸素の急激な減少は，すでに 1930 年ごろには指摘されていた．COD は，1978 年に 2.0 mg/L，1986 年に 3.18 mg/L，1991 年では 3.4 mg/L，最近では 2.8～3.6 mg/L である．全窒素は，1991 年に 0.13 mg/L，全リンは 0.008 mg/L で，富栄養湖に分類されている．透明度は，1929 年には 5.5 m と高かったが急激に低下し，1969 年には 1.2 m であった．その後やや回復し，最近は 2.0～2.5 m である．プランクトンは，種類，数とも多く，魚類は，ワカサギ，コイ，フナ，ウグイ，アブラハヤ，オイカワなどが棲息する．また，オオクチバスもみられる．ヘラブナ釣りのメッカとして知られ，富士五湖の中で最も小さく古くから水質汚染や富栄養化が指摘されてきたが，近年は改善されつつある．

《本 栖 湖》

精進湖の北西約 2 km に位置する．富士五湖の中で面積は 3 番目だが最も深い．本栖湖という名は，800（延暦 19）年の富士火山の大噴火で生き残った人々が，いったんはこの地を捨てて移住したものの，やはり元のところ（元の巣）が良いと帰ってきたことに由来するといわれている．北，西，南の三方を山地に囲まれ，東は，青木ヶ原溶岩流が湖岸に迫っている．湖水は瑠璃色で透明感がある．

湖面標高は，901 m，最大水深 121.6 m，平均水深 67.9 m，湖面積 4.70 km^2，容積約 0.328 km^3，湖岸線延長 11.30 km，長径 3.2 km である．顕著な流入河川はない．自然の流出河川はないが，北西岸に発電用水の取水口があり，湖水は分水嶺を越えて富士川水系に流出している．自然の流出口がないため水位変動が大きい．

水温は，夏季の表層で 25～26℃，水深 110 m で 5.8℃，水温躍層は水深 10～20 m にある．冬季でも 4℃ 以下になることはなく，結氷しない．水質は，pH が夏季の表層で 6.8～6.9 とほぼ中性である．溶存酸素量は，1991 年の夏季の観測では，表層で 90%，水深 20 m で 96%，50 m で 82%，100 m で 80%，110 m で 70% と深くなるにつれて若干の低下がみられた．COD は，1979 年に 0.8～0.9 mg/L，1991 年では 1.2～1.4 mg/L であったが，最近では約 1.1 mg/L である．全窒素は 1990 年に 0.16 mg/L，全リンは 0.003 mg/L 以下で，栄養塩類は富士五湖の中で最も少なく，貧栄養湖に分類されている．透明度は，1932 年に 18.0 m を観測した．1971 年 9 月には 8.7 m とやや低かったが，冬季には高くなり 1974 年と 1975 年の 2 月には 21.0 m を観測した．最近でも 10 m を超えることが多く，特に冬季は高い値を観測している．プランクトンは種類，数とも少ない．魚類はヒメマス，アユ，ワカサギ，コイ，フナなどが棲息するほか，オオクチバスもみられる．

本栖湖は，これまで水質悪化はそれほど顕著ではなかった．しかし，徐々に水質悪化していることが指摘され，また水上バイク，モーターボートなどの乗入れによる騒音や水辺環境への影響が問題となり，湖面全域が動力船の乗入れ規制地区に指定された．

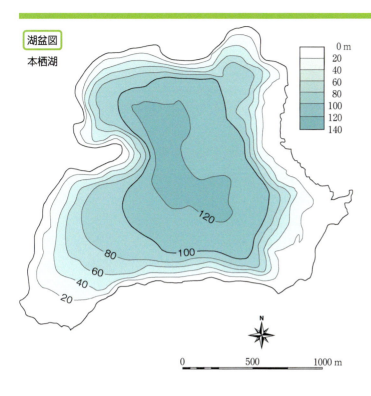
湖盆図 本栖湖

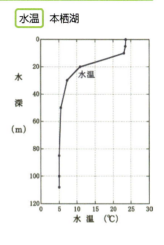
水温 本栖湖

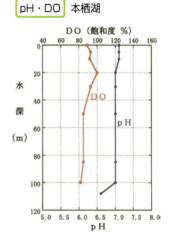
pH・DO 本栖湖

本栖湖（2010年3月，大八木英夫氏撮影）

本栖湖と夕陽に映える富士山（2008年12月，大八木英夫氏撮影）

4-2　野　尻　湖

―― ナウマンゾウ化石などの発掘で知られる

　野尻湖は，長野県最北部，黒姫山の東麓に位置する．成因については，古くから黒姫火山あるいは斑尾火山からの火山性流出物による堰止め湖，カルデラ湖，構造運動による凹地に湛水した構造湖など，さまざまな説が提唱されてきた．現在では，約7万年前に黒姫火山の崩壊によって生じた泥流が，古池尻川水系の河川を堰止めて野尻湖の原型ができ，その後の構造運動によって形を変えながら，徐々に湖の中心が東方へ移動し今の形になったと考えられている（赤羽，1996ほか）．湖の西岸は隆起地域であるためなだらかな湖岸線となっていて，東側は相対的に沈降地域であるため入り組んだ湖岸線となっている．その形状から芙蓉湖とも呼ばれている．

　湖面標高は654 m，最大水深37.5 m，平均水深20.8 m，湖面積3.90 km^2，集水域面積（湖面積を除く）8.9 km^2，容積0.096 km^3，湖岸線延長14.30 km，長径3.5 kmである．流入河川は，斑尾火山から湖の東岸へ流入する小河川があるのみで，流出河川も北西岸から流出する池尻川だけである．池尻川は南西に流下した後，北に流路を変え，長野・新潟県境付近で関川に合流し日本海に注いでいる．野尻湖の水は，灌漑用水，発電用水，生活用水などに利用されてきた．夏期6月1日から9月10日までは満水位から2.27 mまでの水利権が新潟県側の水利組合にあるが，秋・冬・春期には発電用に最大約38,400 m^3/日が使われ，かつては長野市の上水道用としての利用もあった．鳥居川など周辺河川から湖に導水しているが，3月下旬から4月初めに最も水位が低下し，最大で6 mに達するため，特に西岸部において広く湖底が露出する．湖水の平均滞留時間は，約2.0年と推定されている．

　水温は，夏季の表層で25～26℃，深層で約6℃である．水温躍層は，5～15 mにある．冬季の表層は0～1℃，深層では約3℃で逆列成層している．水深の浅いところでは結氷するが全面結氷することはあまりなく，1980～1981年の冬に全面結氷したという記録がある．水質は，pHが表層で7.0～7.5，深層で6.6～6.8とほぼ中性であるが，夏季の表層下部から水深10 m付近では，8.0を超えることが多い．溶存酸素は，夏季の表層で約100%，水温躍層付近で過飽和となり深くなるにつれて徐々に減少し，湖底付近では数%である．CODは全層で2.0 mg/L程度である．全窒素は1980年に0.28～0.38 mg/L，全リンが0.006～0.011 mg/Lであったが，これらの数値を超えることも多い．透明度は，1925年に12.5 mを観測し，最近は3.4～7.2 mの範囲で変動している．植物プランクトンは，ケイ藻などが中心で貧・中栄養湖の特徴を示すが，富栄養型のものも含まれ1988年には淡水赤潮が発生するなど富栄養化が進行している．魚類はワカサギ，ウグイ，コイ，フナ，ウナギ，ニジマスなどが棲息する．近年，ソウギョが放流され，水生植物が激減したほか，オオクチバスの増加もみられる．また，ナウマンゾウ化石の発見に端を発した湖底発掘でも知られ，湖岸には野尻湖ナウマンゾウ博物館がある．

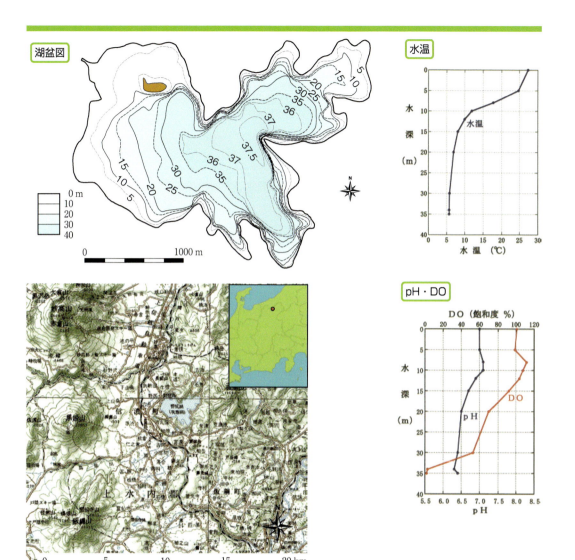

(2010年10月，佐藤芳徳撮影)

4-2 野 尻 湖

4-3 仁科三湖

——北アルプスの麓に連なる静かな湖

　青木湖，中綱湖，木崎湖は，長野県北西部北アルプスの麓に連なる湖で仁科三湖と呼ばれている．この名称は，中世から戦国時代にかけてこの地を支配した豪族仁科氏に由来している．仁科三湖は，フォッサマグナの西縁，糸魚川-静岡構造線の地溝帯に生じた断層湖で農具川によって南北に結ばれている．これらの湖の成立時期については，青木湖の湖底ボーリング試料によると約3万年前に泥などの堆積が始まったとされ，糸魚川-静岡構造線沿いの諏訪湖などと同様，形成年代はたいへん古い．

《青木湖》

　青木湖は，3湖のうちで最も北に位置する．周囲を急峻な斜面で取り囲まれ，三角形の形状をしている．北側の姫川との分水嶺までは距離が短く，分水領の標高も低い．湖盆は西側の部分と北東側の部分とに分かれ，西側に最深部があり長野県で最も深い．静かな湖面には鑓ヶ岳，杓子岳，白馬岳が映り，アルプスの鏡とも呼ばれている．

　湖面標高は822 m，最大水深58.0 m，平均水深29.0 m，湖面積1.86 km^2，集水域面積（湖面積を除く）7.30 km^2，容積0.54 km^3，湖岸線延長6.50 km，長径2 kmである．大きな流入河川はないが，鹿島川から取水された発電用水が湖の南端に流入している．流出河川は南岸の上部農具川である．湖水の平均滞留時間は，約0.53年と推定されている．

　水温は夏季の表層で約26℃，深層で5℃，水温躍層は5～10 mにある．深度が大きいため全面結氷することはなく，冬季の表層は約2℃，深層では約3℃で逆列成層している．水質は，pHが表層で6.4～7.4と中性である．溶存酸素は，表層ではほぼ100%であるものの，夏季の深層ではやや低い値となる．CODは，1975年では0.5～1.0 mg/L，1999～2000年で1.1～1.3 mg/Lと低い．全窒素は平均で0.38 mg/L，全リンは0.004 mg/Lと大変低く，貧栄養湖に分類される．透明度は，1910年代では14 mであったが，1970年代では3～7 m，最近では4.4～6.0 mである．プランクトンは，ケイ藻や冷水性のものが多い．魚類は，イワナ，カワマス，ヒメマス，ワカサギ，ウグイなどが棲息する．

　この湖では，1954年に始まった発電用水取水とその後の灌漑用水取水により，冬季に最大21 mもの水位低下がみられるようになった．そこで，1997年から大町ダムの貯留水を放流する事業が始められ，1997年冬季に9 m，1999年5 mと水位低下が緩和されてきた．しかし，まだ10 mを超える年もみられ，湖底が広く露出することもある．

《中綱湖》

　青木湖のすぐ南に位置し，3湖の中で最も小さく浅い湖である．北岸，西岸，南岸は湖面との比高が小さく，水田や林が広がっている．

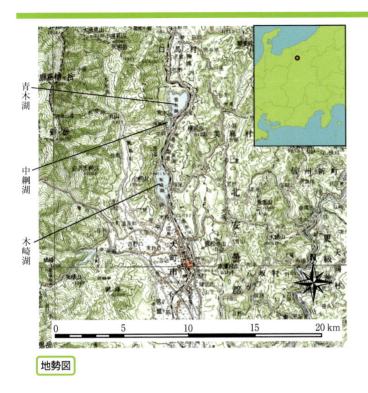

地勢図

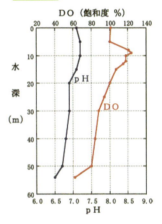

水温　青木湖

pH・DO　青木湖

湖盆図　青木湖

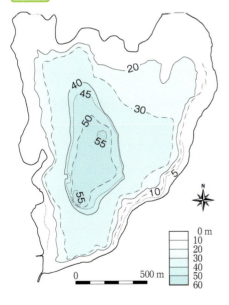

青木湖（2010年10月，佐藤芳徳撮影）

4-3　仁科三湖

湖面標高は 812 m, 最大水深 12.0 m, 平均水深 5.7 m, 湖面積 0.14 km², 集水域面積（湖面積を除く）3.57 km², 容積 0.0008 km³, 湖岸線延長 1.50 km, 長径 0.65 km である. 流入河川は, 青木湖から流出する上部農具川で, 平均流入量は 0.36 m³/sec である. 流出河川は南岸の中部農具川で, 湖水の平均滞留時間は, 0.07 年（約 25 日）と推定されている.

　水温は, 夏季の表層で約 27℃, 深層で約 10℃, 水温躍層は 4～10 m にみられる. 冬季は全面結氷し, 深層の水温は約 3℃ である. 水質は, pH が夏季の表層で 6.4～7.6 と変動が大きい. 溶存酸素量は, 1930 年代, 夏季において湖底付近では無酸素状態であったという報告がある. 夏季の垂直分布をみると, 湖面から水深約 10 m まではほぼ 100% であるが, それ以深は徐々に低下し湖底付近は無酸素に近い状態となっている. COD は, 2000 年では 1.1～1.3 mg/L と低い値である. 全窒素は平均 0.38 mg/L, 全リンは平均 0.013 mg/L と中栄養湖に分類される. 透明度は, かつては 7～8 m あったが, 1950 年代から 60 年代にかけて急激に低下し, 近年は 1.3～5.5 m である. プランクトンは種類, 数とも多く, 魚類は, ワカサギ, ウグイ, フナ, コイ, ウナギ, メダカ, タナゴなど多くの種類が棲息しており, 最近はオオクチバスの数が増えている.

　青木湖と同じく, かつては発電用水などの取水により水位低下が大きかったが, 最近は緩和している. しかし, 水深が浅く容積も小さい湖であるので周囲の環境変化による影響を受けやすく, 水質悪化が懸念されている.

《木　崎　湖》

　3 湖の中で最も南に位置する. 湖の西側は急峻な地形であるが, 北岸と南岸は平地が広がり水田や集落が分布している.

　湖面標高は 764 m, 最大水深 29.5 m, 平均水深 17.9 m, 湖面積 1.40 km², 集水域面積（湖面積を除く）22.42 km², 容積 0.025 km³, 湖岸線延長 7.0 km, 長径 2.7 km である. 湖盆図から推定される水深 20 m 以浅の占める面積比は約 52% であり, 最深部は湖の北域にある. 大きな流入河川は, 中綱湖からの中部農具川で, 稲尾沢川や一津川などの小河川が流入する. 流出河川は南岸の農具川で, 全流出量は約 1.56 m³/sec, 湖水の平均滞留時間は, 約 0.51 年と推定されている.

　水温は, 夏季の表層で約 27℃, 深層で 8～9℃, 水温躍層は 3～10 m にみられる. 冬季は全面結氷し, 深層の水温は約 3℃ である. 水質は, pH が夏季の表層で 6.6～7.7, 深層で 6.5 程度であるが, 夏季の表層では 8.0 を超えることもある. 溶存酸素量は, 夏季の表層ではほぼ 100%, 水温躍層以深は徐々に低下し湖底付近は無酸素状態となっている. COD は, 1930 年代は 1.0 mg/L 以下であったが 1970 年代は 2.0 mg/L を超え, 1998～2000 年では 1.6～1.8 mg/L であった. 全窒素は 1970 年代から 0.13 mg/L を超える値がみられるようになったが, 全リンは 0.006 mg/L と低く中栄養湖に分類される. 透明度は 1924 年には 10.8 m が観測されているが, 徐々に低下し 1970 年代では夏季に 3.5 m 程度となり, その後は 1～5 m と年による変動や季節変動が大きい. プランクトンはケイ藻類が多く, 魚類は, ワカサギ, イワナ, ヒメマス, ニジマスなど多くの種類が棲息し, 最近ではほかの 2 湖と同様にオオクチバスが増えている. また, この湖にしかいないとされるキザキマスも棲息する.

　1980 年代には淡水赤潮が発生し大きな問題となった. そのため, 仁科三湖水質保全対策会議が設置され水質保全計画が策定された.

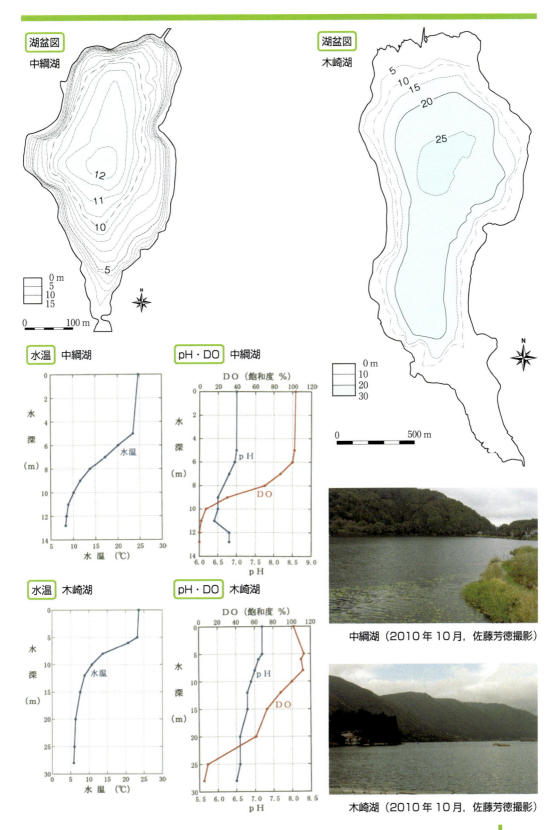

中綱湖（2010年10月，佐藤芳徳撮影）

木崎湖（2010年10月，佐藤芳徳撮影）

4-3 仁科三湖

4-4 諏　訪　湖

── 御神渡りの記録から過去の気候変動が復元

　諏訪湖は，長野県のほぼ中央部に位置し，地盤運動に伴う構造湖あるいは断層湖といわれている．諏訪湖がある諏訪盆地は，フォッサマグナ地域の西縁，糸魚川-静岡構造線に接して形成されている．この地域の構造運動は約50万年前に活発となり，現在の諏訪盆地あたりに大きな凹地が形成された．そのころ凹地に湛水していたかどうかは明らかでないが，岩屑流などによって河川が堰止められたことによる堆積物の年代は約20万年前にさかのぼる．諏訪湖の原形をはっきりと確認できるのは，約1万8000年前以降である．湖周辺の沈降運動はその後も続いていることが，200 mを超える厚い堆積物から推定できる．また，気候変動によって湖はその大きさを変えてきたことが，段丘や三角州などの周辺地形から明らかとなっている（熊井，1997ほか）．

　湖面標高 759 m，最大水深 6.3 m，平均水深 4.6 m，湖面積 13.30 km^2，集水域面積（湖面積を除く）518 km^2，容積 0.0613 km^3，湖岸線延長 17.00 km，長径 5.4 km である．流入河川は南東岸に上川，宮川，北岸に砥川，横河川などで，全流入量は 5.29×10^8 m^3/年と見積もられている．流出河川は西岸から流出する天竜川で，流出口には水門（釜口水門）が設けられ水位が調節されている．湖水の平均滞留時間は，水深が浅いこともあり約 0.11 年（40 日）と短い．

　水温は夏季の表層で 26〜27℃，深層で 21〜22℃，弱い水温躍層がみられる．冬季の表層は 0〜1℃，深層は 3〜4℃で全面結氷する．氷厚が 10 cm くらいになると，昼間と夜間の気温差に伴う氷の収縮と膨張によって生じた亀裂部が鞍状に隆起して「御神渡り」が発現する．御神渡りは，諏訪神社の上社から下社へ神様が渡った跡との言い伝えがあり，米の豊凶を占う神事として諏訪神社には 1443（嘉吉 3）年から現在まで 570 年以上にわたって記録されている．御神渡りの記録は，湖の結氷に関する継続的な記録としては，世界で最も長期に及ぶ貴重な資料であり，この記録を用いて古気候の推定が試みられている．近年は暖かい冬が多く，御神渡りが出現しない年もある．水質は，pH が表層で約 7.3，深層で約 6.6 であるが，夏季に「水の華」（アオコ）が発生したときは強いアルカリ性を示し，10.0 以上になることがある．1919 年の観測によれば，湖底まで十分酸素があったが，1950 年代になると極端な減少傾向がみられ無酸素状態となっていた．1980 年以降は湖水の水質改善が進み，底層での無酸素状態が解消されつつあるが，夏季は減少する．COD は，1980 年代では 7.6 mg/L という高い値が観測されたが，最近では約 5 mg/L に低下している．全窒素と全リンも 1977 年にそれぞれ 1.527 mg/L，0.149 mg/L であった．1992 年には 1.413 mg/L，0.104 mg/L と低下傾向にあるが，典型的な富栄養湖である．透明度は 1906 年に 3.40 m であったが急激に低下し，1968 年夏には 0 m となった．現在は 0.5〜2 m である．プランクトンは数，種類とも多く，魚類はワカサギ，コイ，ウナギ，ナマズなど多数棲息する．また，1979 年から流域下水道の供用が始まり，水質改善に効果をあげている．

湖盆図
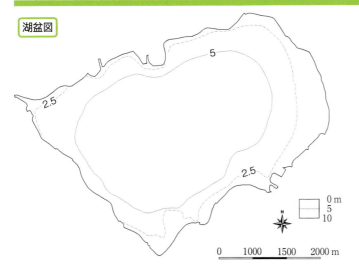

水温
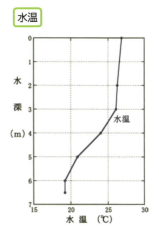

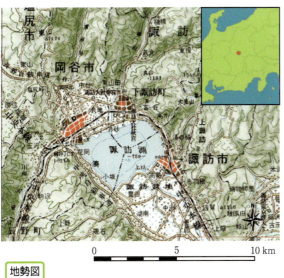
地勢図

pH・DO
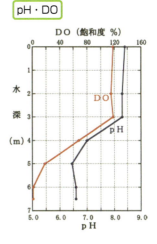

（2010年10月，佐藤芳徳撮影）

4-5 大正池

── 名前が誕生年代を表す湖

　大正池は，長野県松本市の西端に位置する．中部山岳国立公園の中にあり，大正池を含む一帯は上高地と呼ばれる．上高地は，北アルプス南部に聳える槍ヶ岳から流れ出た梓川が，穂高連峰と霞沢岳に挟まれる付近に開けた平坦な谷底平野で，急峻な山容と清澄な渓流がつくりだす日本有数の山岳景勝地として知られている．大正池は，その名のとおり1915（大正4）年に焼岳の噴火で割れ目状の火口が形成され，そこから流出した泥流が梓川を堰止めて誕生した．この焼岳の噴火は1907年から1939年まで続いた一連の火山活動の1つで，1962年に噴火活動があった以後は，現在まで目立った活動はない．

　湖面標高は1,490 m，最大水深3.4 m，平均水深1.6 m，湖面積0.10 km^2，湖岸線延長2.30 kmで細長い形状をしている．流入河川と流出河川はともに梓川で，梓川の一部とみるほうが妥当である．形成当初は，湖面積0.4 km^2，湖岸線延長3.51 km 長径が1.7 km，幅が0.37 km，最大水深が6.0 m，容積0.005 km^{3}であったとされ，焼岳や霞沢岳から降雨時に流れ込む大量の土砂で次第に埋められてきた．

　水温は，流入する梓川の水温がきわめて低いため，夏季の表層で約9.5℃，深層で7.0℃である．水質は，上流に大きな集落など水質悪化につながるものがほとんどなく，山地の渓流水そのもので良好である．しかし，土砂の流入が多いこと，旅館，ホテルなどの観光施設が増え，冬を除いて観光客が多いことなどにより，水質悪化を心配する声もある．魚類は，梓川には元来イワナしか棲息していなかったといわれている．しかし，イワナの乱獲があり数が減少したことから，長野県や地元の漁業組合がイワナ，カワマス，ヤマメなどの稚魚を放流した．梓川水系全体では，イワナ，カジカ，アマゴ，ウグイ，カワマス，ニジマス，ブラウントラウトなどが棲息するが，大正池周辺ではニジマス，アマゴ，ヤマメなどを放流しても低水温のため定着率は低い．

　流入土砂が多く，1970年代までに急激に面積が縮小したため，湖の形態を人工的に維持するのか，自然にまかせた河川形態とするのか論議された．その結果，さまざまな条件をつけて1977年から浚渫が行われることになった．毎年の流入土砂量と同程度の土砂が取り除かれるため，景観上に大きな変化はない．湖の水は1928（昭和3）年に運用を開始した霞沢発電所に送られ，発電用水として利用されている．上高地には，年間約130万〜150万人（2008〜2011年）の観光客が訪れる．大正池は新しい湖であるため，池には立ち枯れの木が残り国の天然記念物に指定されていたが，年々その数が減り現在ではほんのわずかに残る程度である．また，1970年ごろから上高地に乗入れる自動車数が増え，環境への悪影響が懸念されたために，1975年からマイカー乗入れが規制されるようになった．当初は夏季だけの規制であったが，徐々に期間が延び1996年からは通年全面規制となった．さらには，2004年から観光バス規制も実施されている．

地形図

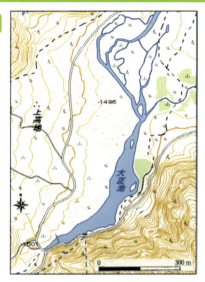

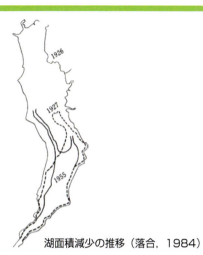

湖面積減少の推移（落合，1984）

水温

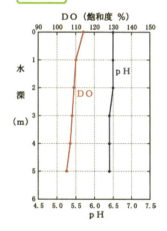

地勢図

pH・DO

（2010年11月，佐藤芳徳撮影）

4-5 大　正　池

4-6 高山湖沼群

―― さまざまな成因をもつ雲海の湖沼群

　高山帯とは，森林限界と雪線に挟まれた高度帯をいう．日本にはこの地帯に湖が多く，高山湖（こうざんこ）と総称されている．日本列島の北と南では森林限界の標高が異なり，中部日本では2,500 m以上，北海道では1,500 m以上の地帯が高山帯とみなされている．それからいえば中部日本の高山湖は，湖面標高2,500 m以上のものを指すことになるが，厳密に区分されているわけではない．高山湖の特徴は，湖面標高が高いことのほかに，集水域が狭いこと，水位の季節変動，日変動が大きいこと，顕著な流出入河川がないこと，降水がそのまま湛水しており水質が良好なことなどである．

《白馬大池》

　長野県の最北部，乗鞍岳と小蓮華山の鞍部に位置し，乗鞍岳の火山活動に伴う堰止め湖である．

　湖面標高は2,379 m，最大水深13.5 m，平均水深6.7 m，湖面積0.06 km^2，湖岸線延長1.40 km，長径0.55 kmで，顕著な流出入河川はない．周辺は夏季においても残雪があり，そこからの融雪水で水位が変動する．そのため，水位は夏季に最も高くなり冬季に最も低くなる．また，昼間は融雪が進むので水位が上昇し，夜間はあまり変化しないか地下水流出によって少し低下するといった日変化がみられる．降水量，特に降雪量の多寡によって流入量が変化し，それに伴って湖面積も変化する．

　水温は，融雪水の影響で変化が激しいが，夏季の表層で約10℃とたいへん低い．冬は全面結氷する．水質は，pHが5.1～6.3とやや酸性である．近年は酸性雪や酸性雨のため，さらに酸性化する傾向にある．溶存酸素量は湖底までほぼ100％である．CODは1.52 mg/L，全窒素は0.045 mg/L，全リンは0.004 mg/Lと貧栄養湖である．透明度は，1920年代から30年代では7～10 mあったが，最近では5～6 mである．プランクトンは種類，数ともに少なく，魚類や水生植物は報告されていない．湖の周辺には，コマクサ，ワタスゲ，シナノキンバイ，ハクサンオオバコなどの高山植物が大群落をつくり，残雪周辺にはショウジョウスゲ，コイワカガミなどの雪田群落がみられる．

《風吹大池》

　白馬大池から尾根づたいに北東へ行くと，風吹岳（かざふきだけ），横前倉山，岩菅山に囲まれるようにして風吹大池（おおいけ）がある．周辺には小敷池，科鉢池，血の池など小さい湖が点在し，風吹大池やこれらの湖は，風吹火山の火口湖といわれている．

　湖面標高は1,778 m，最大水深5.5 m，平均水深2.2 m，湖面積0.09 km^2，湖岸線延長1.50 kmである．顕著な流出入河川はないが，小敷池へ流出する小河川があり，水位の高いときは南東岸からも溢流する．

　冬季は全面結氷し，水質は，pHが約5.0で酸性である．ほかの高山湖と同じく酸性雪や酸性

地勢図 白馬大池・風吹大池

白馬大池（2014年8月，佐藤菜月氏撮影）

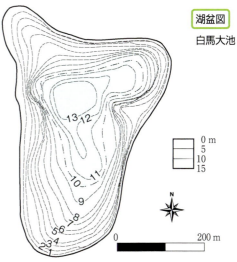

湖盆図 白馬大池

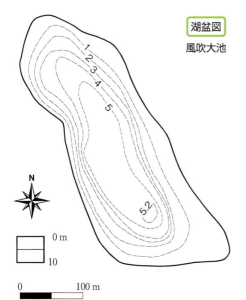

湖盆図 風吹大池

風吹岳と風吹大池（小谷村観光連盟提供，小谷村フォトライブラリー）

雨の影響が考えられる．溶存酸素量はほぼ 100% である．COD は 1985 年に 3.85 mg/L であり，全窒素は 0.15 mg/L，全リンは 0.003 mg/L と貧栄養湖に属する．透明度は 5.5 m で，湖底まで見える．プランクトンは少なく，魚類，水生植物についての報告はない．

《白　駒　池》

白駒池は，長野県東部，蓼科山の南東に位置し，湖のすぐ西にある丸山などの火山活動によって生じた堰止め湖といわれている．

湖面標高は 2,115 m，最大水深 8.6 m，平均水深 4.2 m，湖面積 0.11 km^2，湖岸線延長 1.40 km である．顕著な流入河川はなく，東岸からの流出河川は大石川と合流し千曲川に注ぐ．

水温は，夏季の表層では約 20℃，深層では 14℃程度で弱い成層がみられる．11 月上旬から 5 月上旬までの約 6 カ月間は，全面結氷する．水質は，pH が 5.3～5.9 と酸性で，溶存酸素量は夏季の深層で減少するが，ほぼ 100% である．全窒素は，0.52～0.69 mg/L，全リンは 0.05 mg/L 程度であり，腐植栄養湖に分類される．透明度は，3.5～6.9 m と変動が大きい．プランクトンは，ラン藻類やケイ藻類が多く，魚類はニジマス，ヒメマス，コイ，フナ，ワカサギなどが放流されたが，わずかにニジマス，フナがみられる程度である．

《雨　　池》

雨池は，白駒池と双子池の中間，縞枯山，茶臼山，八柱山に囲まれた凹地にある．浅い湖で，無降雨期が長く続くと水が干上がってしまうこともある．周辺火山の活動による堰止め湖という説が有力である．

湖面標高 2,070 m，最大水深 2.0 m，平均水深 1.3 m，湖面積 0.05 km^2，湖岸線延長 1.00 km であるが，水位変動が激しく，水深，面積，容積，湖岸線延長いずれも大きく変動する．

水質は，pH が 4.2～5.4 と酸性である．COD は 3.50 mg/L，全窒素は 0.20 mg/L，全リンは 0.010 mg/L とやや高く，腐植栄養湖に分類される．湖底までよく見え，透明度は 2.0 m である．プランクトンは貧栄養型が多く，魚類は棲息しない．

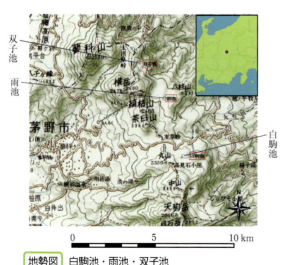

地勢図　白駒池・雨池・双子池

白駒池（堀内清司氏撮影）

白駒池（2010年10月，佐藤芳徳撮影）

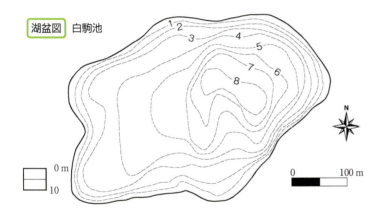
湖盆図 白駒池

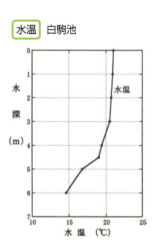
水温 白駒池

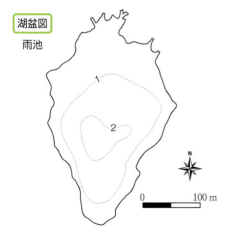
湖盆図 雨池

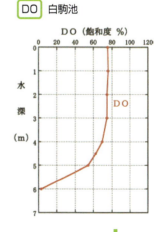
DO 白駒池

4-6 高山湖沼群

《双子池》

双子池は，蓼科山の東方，双子山の麓に位置する．雄池と雌池からなり，雄池の水は透きとおっていて湖底まではっきり見える．横岳や双子山からの溶岩や土石流によってできた凹地に湛水した火山性の堰止め湖であると考えられるが，火口湖という説もある．雄池ではごつごつした溶岩流が湖に流れ込んでいる様子がよくみえる．また，雄池の南端の台地は，横岳からの溶岩で覆われており急崖となっている．

雄　池　湖面標高 2,030 m，最大水深 7.7 m，平均水深 3.8 m，湖面積 0.02 km^2，湖岸線延長 0.60 km である．顕著な流出入河川はない．雄池，雌池では水位の季節変動が少なく，経年的な変動もほとんどない．平均流入量は 0.00048 km^3/年，平均滞留時間は約 0.15 年と推定されている．

水温は，夏季の表層で約 16℃，深層で 7.0℃，水温躍層は 2〜4 m にある．冬季は全面結氷する．水質は，pH が 1990 年には 6.4〜6.6 であったが，雨水の流入が多いときはさらに酸性となる．溶存酸素量はほぼ 100% である．COD は 0.2〜1.5 mg/L，全窒素，全リンともにほとんど認められない．プランクトンはわずかで，魚類は棲息しない．

雌　池　湖面標高 2,030 m，最大水深 5.1 m，平均水深 2.7 m，湖面積 0.02 km^2，湖岸線延長 0.55 km である．顕著な流出入河川はない．水位は，雄池と同標高で変動もほぼ同じである．平均流入量は 0.00064 km^3/年，平均滞留時間は約 0.06 年と推定されている．

水温は，夏季の表層で 19.0℃，冬季は全面結氷する．水質は，1990 年には pH が 5.8〜6.1 であったが，より強い酸性を呈することもある．溶存酸素量はほぼ 100% である．COD は 3.85 mg/L とやや高く，透明度も 1990 年では 2.6 m と富栄養化が進んでいたが，近年は改善の傾向にあり，透明度も 4 m 台に回復した．植物プランクトンは，ケイ藻類が多い．

雄池，雌池は成因や形態がほぼ同じで，水質も同程度であったと考えられるが，若干雌池のほうが浅く容積が小さかったため水質が低下した．湖岸にヒュッテができて雄池の水を飲料水として利用するようになったため，ますます両池の水質に違いが現れたといえる．

《御嶽山二ノ池・三ノ池》

御嶽山は，長野県と岐阜県にまたがる火山で，古来，霊峰として信仰の対象となってきた．御嶽火山は，約 50 万年前に活動が始まったとされている．その後，噴火や山体崩壊を繰り返し，現在の山容に近くなったのは約 2 万年前とされる．剣が峰（3,067 m）を主峰に摩利子天山，継子岳などが外輪山を形成し，その中に一ノ池から五ノ池まで 5 つの火口湖がある．そのうちで常時水をたたえているのは二ノ池と三ノ池である．

二ノ池の湖面標高は 2,905 m，最大水深 2.4 m，平均水深 1.0 m，湖面積 0.02 km^2，湖岸線延長 0.60 km である．流入量が多いときは溢流するが，恒常的な流出河川はない．

水温は，1920 年代に夏季の表層で 18.3℃，深層で 9.2℃ という記録があるが，最近では 8 月に最高 10.7℃ で，成層はみられなかったという報告がある．融雪水の流入によって水位だけでなく水温も急激に変化するものと考えられる．冬季は全面結氷する．水質は，pH が 4.6〜4.8 と酸性で酸栄養湖に分類されるが，酸性度が低くなることもある．溶存酸素量はほぼ 100%，COD は約 1 mg/L，全窒素は 0.70 mg/L，全リンは 0.036 mg/L とやや高い．透明度は，1.5〜2.0 m で季節変化があり，湖底まで見えるときが多い．プランクトンは種類，数ともに少なく，魚類や水生植

双子池雄池（2010年10月，佐藤芳徳撮影）

双子池雌池（2010年10月，佐藤芳徳撮影）

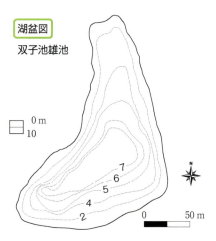
湖盆図 双子池雄池

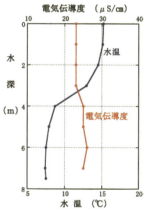
水温・電気伝導度 双子池雄池

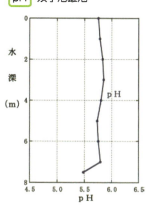
pH 双子池雄池

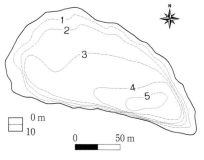
湖盆図 双子池雌池

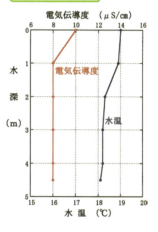
水温・電気伝導度 双子池雌池

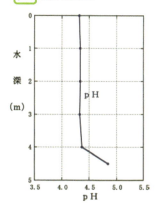
pH 双子池雌池

4-6 高山湖沼群

物についての報告はない．

三ノ池の湖面標高は 2,720 m，最大水深 13.1 m，平均水深 5.6 m，湖面積 0.02 km^2，湖岸線延長 0.70 km である．流出入河川はない．

水温は，夏季の表層で 9.7〜11.3℃ という報告があり，変動があるものの二ノ池同様たいへん低い．成層はほとんどみられず，冬季は全面結氷する．水質は，pH が 5.3〜6.1 とやや酸性である．溶存酸素量はほぼ 100%，COD は約 2 mg/L，全窒素は 0.18 mg/L，全リンは 0.010 mg/L であるが変動が大きい．透明度はかつて 6.0 m を超えたこともあったが，近年は約 4 m，季節変化があり 2 m 以下のこともある．プランクトンは少なく，貧栄養型に分類される．オンタケトビケラの幼虫が棲息することが報告されているが，魚類についての報告はない．

《松原湖》

松原湖は，八ヶ岳火山群の活動によって生じた窪地に湛水したり，河川が堰止められてできた湖沼群のうちで最も大きい湖である．形がイノシシに似ていることから猪名湖とも呼ばれる．湖面標高は，1,123 m，湖面積 0.12 km^2，湖岸線延長 1.956 km，最大水深 7.7 m，容積 0.0058 km^3 である．水温は，夏季の表層で約 25℃，深層で約 10℃で，冬季は結氷する．水質は，pH が 6.8 程度の中性で，溶存酸素量は表層では飽和しているが，深層では減少する．プランクトンはケイ藻類が多く，魚類はワカサギ，ウグイなどがみられる．湖水は，発電用水や灌漑用水に用いられている．古くから観光地として知られ，訪れる人が多い．

《ミクリガ池》

ミクリガ池は，立山火山に属する爆裂火口に湛水した湖と考えられている（p.11 参照）．周辺には火口や窪地に湛水した湖が散在する．集水域からの流入水や湖面への降水によって涵養されているが，流出する河川はない．湖面標高は，2,404 m，湖岸線延長 0.63 km，湖面積 0.027 km^2，最大水深 15.3 m，容積 0.00024 km^3 である．水温は，夏季の表層で約 17℃，深層で 5℃，冬季は結氷する．水質は，pH が 4.5 と酸性で，溶存酸素量はほぼ 100% である．プランクトンは少なく，魚類についての報告はない．湖の名前は山岳信仰によるものとされ，周辺には特別天然記念物のライチョウが棲息し，遊歩道が整備されている．

松原湖（堀内清司氏撮影）

ミクリガ池（堀内清司氏撮影）

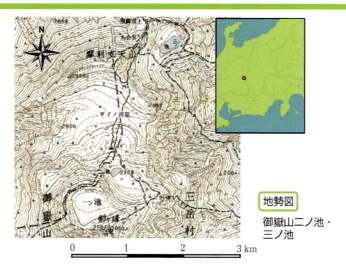

地勢図 御嶽山二ノ池・三ノ池

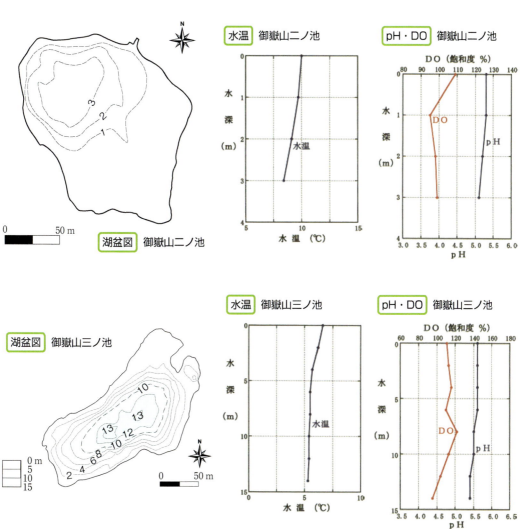

4-6 高山湖沼群

4-7 浜名湖

──古くからの東西交通の要所

　浜名湖は，静岡県の西端に位置する．入り江が砂州などの発達や，海面の低下によって外海と切り離されてできた海跡湖である．この地域は，北東-南西方向を軸として隆起部と沈降部を形成する地殻運動がある．この運動は約10万年前に始まり，その沈降部に海水が侵入したのが浜名湖の始まりと考えられている．そのために，湖内に伸びる半島や湾は，北東-南西の軸をもっている．約1万年前の浜名湖は，現在よりもかなり小さく，約6000年前の最も海面が高くなった時期には広い湖面を有していた．その後，海面の低下とともに内湾化が進み，2800～1000年前には湖口部が完全に塞がり，淡水湖となった．室町時代くらいまでは，湖と外海とは浜名川のみでつながり，海水が湖に侵入することはなかったと考えられている．そのころは，近江の琵琶湖に対して遠くにある遠江の湖で遠淡海と呼ばれた．それが，1498 (明応7) 年の大地震と津波によって砂州が決壊し，海水が侵入するようになった．残った砂州の一部が現在の弁天島とされ，決壊した場所は今切と呼ばれた．それからも地震や津波などによって湖口は変動し東西交通の難所として知られたが，現在は幅が約200 mに固定されている．

　湖面標高は0 m，最大水深16.6 m，平均水深4.8 m，湖面積65.00 km^2，容積0.35 km^3，湖岸線延長113.8 kmである．平均水深は約5 mであるが，5 mを超える水域は中央から北側の部分で，南側では2 m程度のところが多く干潮時には湖底が露出するところもある．おもな流入河川は都田川で，河川法上は浜名湖も都田川の一部とみなされる．流出は，今切口で外海と接している．この湖口部は1953年の台風で決壊し，湖水の塩分濃度はそれから1970年代にかけてかなり上昇した．潮の干満によって今切口を通じて約40,000,000 m^3/日の海水が流出入している．

　水温は，夏季の表層で27～28℃，深層で25～27℃，水域によって2～3℃の変化がみられる．水温躍層はみられない．冬季は，全層が6～7℃となる．水質は，水域によって大きく変化する．湖心では，pHが夏季の表層で8.4～8.5，深層で7.7程度である．秋季から冬季にかけては全層が8.2～8.4となる．溶存酸素量は，夏季の表層では概ね100%であるが，深層では無酸素状態となっている．秋季から冬季にかけては全層が100%となるが，春季の深層は海水侵入の影響を受け変動が大きい．CODは，1980年から1995年までは2.0～3.5 mg/Lであったが，その後は約2 mg/Lである．全窒素は，0.4～0.8 mg/L，全リンは0.03～0.04 mg/Lである．透明度は1927年に10 m，1952年に5.3 m，1979年には0.9～1.7 mと低下した．1991年には4.8 mと回復し，1998年は1.6～4.6 mと変動が大きい．塩分濃度は，南域では32～33‰とほぼ海水と同じである．湖心では深層では30‰を超えるが，表層では25‰とやや低い．河川水が流入する湾部では季節によっては20‰を下回ることもある．湖の奥まで海水が侵入しているため，環境基準では海域の基準が指定されている．漁獲量としては，アサリ，スズキ，クルマエビ，ウナギなどが多い．

湖盆図

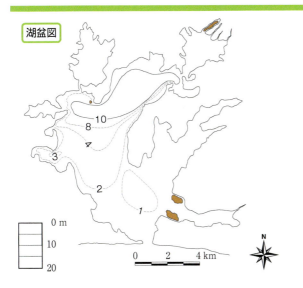

水温・Cl⁻

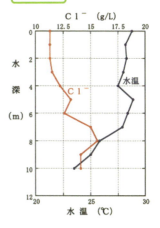

pH・DO

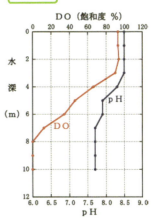

地勢図

（2010年11月，大八木英夫氏撮影）

（2010年11月，大八木英夫氏撮影）

4-8 三方五湖

── 湖沼環境の多様性と特異性で世界的に注目

　三方五湖は，福井県西部，美浜湾に面して位置する．南から北へ，三方湖，水月湖，菅湖，久々子湖，日向湖と連なる風光明媚な湖沼群である．これらの湖は，断層によって生じた低地に湛水した断層湖とするのが一般的であるが，沈降によってできた沈水地形とする説もある．また，久々子湖は，砂州によって入り江が堰止められた海跡湖とする見方が有力である．これまでに数々の人工改変が行われ，かつては淡水であった湖にも塩水が侵入することになった．そのため，それぞれの湖の水質が異なり，水の色も四季折々さまざまに変化する．日向湖は，もともと淡水の湖であったが，1635（寛永12）年に日向湖を船溜まりとするために開削された日向水道によって海とつながった．現在の塩分濃度はほとんど海水に近い．また，1662（寛文2）年に起きた大地震によって，菅湖から流出して久々子湖に流入していた河川が塞がれて，三方湖と水月湖沿岸が大きな冠水被害を受けた．そのため，水月湖と久々子湖の間に人工水路（浦見川，現在長さ324 m，幅7～8 m）が開削され，水月湖には塩水が侵入し汽水湖となった．さらには，1799（寛政11）年に日向湖と水月湖の間に，洪水防止のための嵯峨隧道が掘削され，その後拡張や浚渫工事が行われて大量の塩水が水月湖に流入した．現在，嵯峨隧道の水門は閉鎖されており，この隧道を通じての水の交流はほとんどなく，日向湖は独立の水系とみなしてもよい．

　三方五湖は，万葉集にも詠まれているように古代から美しい景観が人々に親しまれてきた．しかし，たびたびの洪水は地域の人々に大きな被害を与え，大地震にもおそわれたため，洪水を速やかに海へ排水しようとして水路が掘削された．それにより湖水環境は大きく変化し，三方五湖には，塩水，汽水，淡水のさまざまな生物が棲息するようになった．2005年11月にラムサール条約湿地に登録されたのは，まさに生物の多様性が認められたことによる．

《三 方 湖》

　最も南に位置し，水月湖に次いで2番目の面積をもつ．河川水の流入が多く海水の影響がほとんど及ばない淡水湖である．

　湖面標高は0 m，最大水深5.8 m，平均水深1.3 m，湖面積3.56 km^2，集水域面積（湖面積を除く）63.1 km^3，容積約0.0048 km^3，湖岸線延長9.60 km，長径約3.2 kmである．流入河川は南東岸に鰣川，山古川，中山川，南西岸に別所川，田井野川があり，北西岸で水月湖に連なっている．流入量は，年間9,494万m^3（約3.0 m^3/sec），平均滞留時間は，約0.051年（18.6日）と推定されている．

　水温は，夏季の表層で約30℃，深層で28℃，水温躍層はみられない．冬季は，約5℃くらいに低下するが結氷しない．水質は，pHが夏季の表層で1979年に9.3〜9.4とアルカリ性であった．1991年には8.4〜8.7で，湖底付近ではやや低くなる．平均では約8.2である．夏季から秋季にかけて，植物プランクトンの活動で9.0を超える高い値となり，冬季には7.0〜7.5に低下する．溶

湖盆図

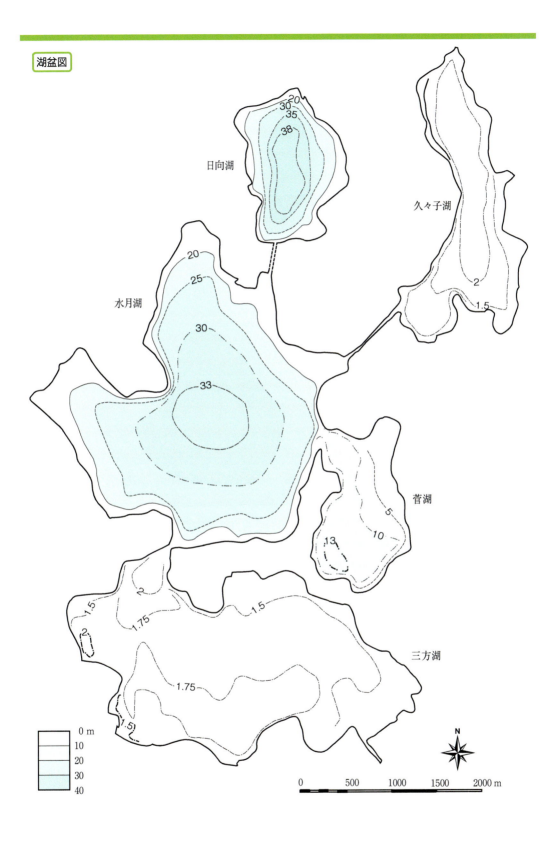

4-8 三方五湖

存酸素量は，夏季の表層で1979年は150～200%と過飽和であったが，1991年では90～100%であった．湖底付近でもあまり減少しない．CODは，1979年8月に8.8～10.0 mg/L，1991年8月は6.7～7.8 mg/L，1993年8月には19.0 mg/Lという高い値をとった．冬季は2～3 mg/Lに低下し，最近の平均は5.9 mg/Lである．全窒素は，1991年に0.9 mg/Lで，最近の平均は0.74 mg/Lである．全リンは1979年に0.25～0.28 mg/Lと高い値が観測されたこともあったが，1991年は0.014～0.018 mg/Lであった．最近の平均は0.068 mg/Lである．COD，全窒素，全リンともに変動が大きく，富栄養湖に分類されている．透明度は，夏季に低下し冬季に上昇する．1980年代後半では冬季に1.5～1.9 mを観測したが，最近では約1.4 mで，夏季は0.4～0.6 mである．プランクトンは，種類，数とも多く，魚類は，ワカサギ，コイ，フナ，ウグイ，アブラハヤ，オイカワ，ハスなどが棲息する．

《水　月　湖》

五湖の中央に位置し，面積が最も大きく，深度も日向湖に次いで2番目である．南は三方湖，東は菅湖と湖面がつながっており，北東の久々子湖と北の日向湖とは人工の水路で通じている．湖には久々子湖を通して塩水が流入しており，すり鉢状の湖底に滞留している．湖の表層には，三方湖から淡水が流入しており，湖水は2層構造をしている．深層の塩分濃度は海水の40～50%と高く，冬季に湖面が冷却されても，あるいは強風が吹いても，重い深層の水と軽い表層の水とはほとんど混合しない．すなわち，湖水の循環が表層に限られる部分循環湖ということができる．水温や塩分の垂直分布をみると，水深約8 mまでは季節的な変動がみられるが，それ以深は年間を通じてほとんど変化がない．この深層の水は長期にわたって空気に触れることがないので無酸素状態となっている．すなわち，還元状態にあり硫化水素が増加し，酸素はまったく存在していない．このような特殊な状況下にあるため，古くから湖沼学の対象となっている．

水月湖には，湖底堆積物に年縞(ねんこう)と呼ばれる縞模様が存在している．年縞とは堆積物の中にある明暗の縞模様で，季節によって色彩の異なる粒子が積み重なってできたもので，樹木の年輪のように明暗1対が1年に相当する．そのため，年縞を堆積物中の花粉や火山灰とともに解析することで，遺跡や堆積物などの年代測定の精度を飛躍的に高めることができると期待されている．水月湖における年縞の調査は1991年に始まり，約70 mの堆積物コアが1993年に採取された．70 mのうち，上部の約40 mが約7万年の年縞にあたり，その結果が国際科学雑誌に掲載され，世界の注目を集めた．その後，2006，2012年にもボーリング調査が実施され，気候変化や植生変化，火山噴火などの詳細な年代が解明できると考えられている．

水月湖に顕著な年縞が発達した理由として，河川の流入量が少なく静かな湖水環境であること，深層が無酸素状態で年縞を乱す生物がほとんど存在しないこと，沈降地域にあるため厚い湖底堆積物が形成されやすい状況であることなどが挙げられている．

湖面標高は0 m，最大水深34.0 m，平均水深19.0 m，湖面積4.16 km^2，集水域面積（湖面積を除く）4.2 km^3，容積約0.08 km^3，湖岸線延長10.80 km，長径約2.9 kmである．南岸に三方湖より淡水が流入し，北東岸の浦見川を通して湖水が流出する一方で久々子湖からの塩水が流入する．流入量は，112,560,000 m^3/年（約3.6 m^3/sec），平均滞留時間は，計算上は約0.7年（260日）となるが，実際の滞留時間は表層水と深層水の混合が不活発であり不明である．

地勢図 三方五湖

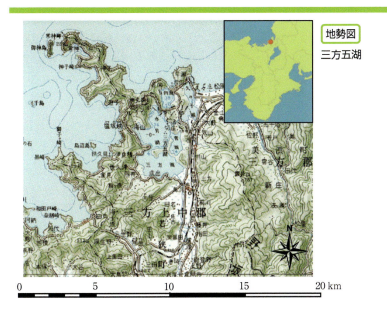

水温 三方湖

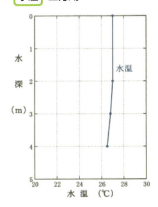

pH・DO 三方湖

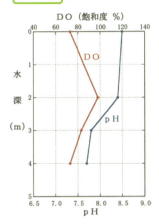

水月湖と久々子湖を連絡する「浦見川」（1973年9月，森　和紀撮影）
整備され変哲のない河川のように見えるが，水月湖湖岸集落の水害を軽減する目的で1664年に人工的に開削された水路．これを機に，水月湖の水質と生態系は一変した．過酷な難工事に従事させられた人々の"恨み"がこもり，名前となった．

水温は，夏季の表層で30℃を超え，10m以深の深層では年間を通じて14〜15℃である．夏季の水温躍層は，5〜10mにみられる．冬季の表層は，約5℃くらいに低下するが，深層はほとんど低下しないので，季節によって深層が最も高温なときもあり，水深5〜8mあたりに高温部が出現するなど特殊な水温垂直分布の季節変化をする．水質は，pHが夏季の表層で8.4〜8.8，深層では1991年には7.2〜7.3であった．夏季から秋季にかけては9.0を超える高い値となり，冬季には7.5〜8.0に低下する．溶存酸素量は，表層と10m以深の深層ではまったく異なる．5m以浅はほぼ飽和状態であるが，5〜7mで急激に低下し，9〜10mではまったくの無酸素状態となる．CODは，3〜6mg/Lの間を変動し，平均4.1mg/Lであるが，アオコが大量に発生した1993年10月には26mg/Lというきわめて高い値が観測された．全窒素は，1991年に0.3mg/Lで，最近の平均は0.52mg/Lである．全リンは1991年に0.02mg/Lで，最近の平均は0.032mg/Lであり，富栄養湖に分類されている．透明度は，1922年には約10mを観測したが，急激に低下し1968年では1.2m，1979年1.5mとなった．1986年に5.0m，1990年3.5mとやや回復し，最近では1〜4mの間を変動している．塩分濃度は，表面は淡水に近いが，2mくらいから増加し，6〜7mで10‰を超え，深層では17‰と海水の約1/2である．プランクトンは，種類，数とも多く，魚類は，ワカサギ，コイ，フナ，ウグイ，ハスなどのほかにスズキ，ボラ，イシダイなどの海水種も棲息している．水月湖は，湖沼学的にきわめて特殊な湖であるが，その特殊性の原因は人的なものである．また，それがゆえに多種多様な生物が棲息しているともいえる．

《菅　　湖》

水月湖の東に位置する．水月湖との境はかなり広い水域であり，水月湖の副湖盆という見方もできる．三方湖との間には細い水路があるが，水の交流はほとんどみられない．かつては，菅湖から流出した河川が久々子湖に注いでいたが，地震で埋積されたので，現在，水月湖のみと水の交流があると考えてよい．

湖面標高は0m，最大水深13.0m，湖面積0.91km^2，湖岸線延長4.20km，長径約1.6kmである．顕著な流入河川も流出河川もない．北西岸で水月湖と接している．

水温は，夏季の表層で約30℃，水深10mでは14〜15℃である．水温躍層は，5〜10mにみられる．冬季の表層は，約5〜6℃に低下するが結氷はない．水質は，pHが1991年の夏季の表層で7.9〜8.7で，深層では7.1〜7.2であった．溶存酸素量は，表層では95%とほぼ飽和状態であるが，5〜7mで急激に低下し，9〜10mではまったくの無酸素状態となる．CODは3.5mg/L，全窒素は0.2mg/L，全リンは0.02mg/Lで，水月湖とほぼ同じで富栄養湖に分類される．透明度は，1986年には約5mを観測したが，1990年は2.9〜3.4m，最近では2m程度のことが多い．塩分濃度は，表面は淡水に近いが，深層には塩水が侵入しており海水の約40%の濃度である．水月湖とほぼ同じ深度に顕著な塩分躍層がみられる．プランクトンは，種類，数とも多く，魚類は，ワカサギ，コイ，フナ，ウグイなどのほかにスズキ，ボラなどがみられる．また，マガモ，コガモ，カンムリカイツブリなどの水鳥が多く，オジロワシやオオワシなどもみられる．

《久々子湖》

水月湖の北東，日向湖の東に位置し，水月湖とは人工の浦見川（浦見水路）で結ばれている．北東部，美方湾との間に飯切山があり，そこから伸びる砂州によって海と隔てられている．

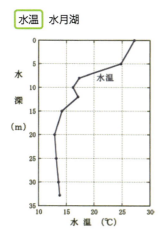

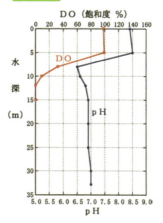

湖岸線が複雑に入り組む（堀内清司氏撮影）

水月湖と三方湖，湖岸の狭隘な低地と遠方に連山を望む（堀内清司氏撮影）

湖面標高は 0 m，最大水深 2.5 m，平均水深 1.8 m，湖面積 1.40 km^2，容積約 0.0027 km^3，湖岸線延長 7.10 km，長径約 2.6 km である．流入河川は，南岸に宇波西川，南西岸に水月湖からの浦見川（浦見水路），東岸へは農業用水の排水路が流入する．流出河川は北岸に早瀬川（早瀬水路）があり，美浜湾へ流出している．早瀬川を通じては海水の流入も多い．

　水温は，夏季の表層で約 30℃，温かい海水が侵入して湖底付近のほうが表面よりも水温が高くなることがある．1991 年 8 月では，表面が約 26℃，水深 2 m で 27.2℃ であった．冬季は，約 7℃ である．水質は，pH が夏季に 8.5〜8.6，冬季は 7.5〜7.8 である．溶存酸素量は，表層ではほぼ飽和状態であるが，湖底付近では減少する．COD は，2.8〜3.6 mg/L，全窒素は，1986 年 9 月には 0.62 mg/L であったが，1990 年 8 月は 0.19 mg/L であった．全リンは 1991 年に 0.035 mg/L で，富栄養湖に分類されている．透明度は，1928 年 3 月に 1.7 m，1986 年 11 月に 2.3 m，最近では夏季は 1.5〜1.6 m，冬季も約 2 m である．塩分濃度は，水域や深度によって大きく変化し，また早瀬川からの海水の流入量によっても変化する．表面では早瀬川に近い水域では海水の約 1/2 であるが，浦見川の流入口では約 1/4 と低くなる．また，湖底付近ではかなり高濃度となり塩分躍層がみられる．プランクトンは富栄養型が多く，魚類は，ボラ，ハゼ，スズキなどが棲息する．

《日 向 湖》

　水月湖の北に位置する．周囲は山に囲まれて，北岸に集落が立地する．北岸の水路を通じて海水の流出入が多く，湖水の塩分濃度はほとんど海水に近い．五湖の中では最も深く，最深部は湖のほぼ中央にあり湖盆はすり鉢状をしている．

　湖面標高は 0 m，最大水深 38.5 m，平均水深 14.3 m，湖面積 0.92 km^2，容積約 0.0136 km^3，湖岸線延長 4.00 km，長径約 1.4 km である．流入河川も流出河川も顕著なものはない．

　水温は，夏季の表層で約 30℃，深層では 12〜13℃ である．夏季の水温躍層は，5〜15 m にみられる．冬季の表層は，約 9℃ で深層との差はあまりない．水質は，pH が夏季の表層で 8.1〜8.2，深層では 7.3〜7.5 である．夏季から秋季にかけては 9.0 を超える高い値となり，冬季は 7.8〜8.0 である．溶存酸素量は，表層ではほぼ飽和状態であるが，15 m 付近で急激に低下し，湖底近くではまったくの無酸素状態となる．COD は 1.6〜1.8 mg/L，全窒素は，約 0.3 mg/L，全リンは 0.01〜0.015 mg/L で，貧栄養湖ないし中栄養湖に分類される．透明度は，1922 年には約 10 m を観測したが，急激に低下し 1968 年では 1.2 m，1979 年 1.5 m となった．1986 年に 5.0 m，1990 年 3.5 m とやや回復したが，最近では 1〜4 m の間を変動している．塩分濃度は，表面は淡水に近いが，水深約 2 m から増加し，6〜7 m で 10‰ を超え，深層では 17‰ と海水の約 1/2 である．プランクトンは，ほとんど海水種であり，魚類も，ボラ，スズキ，コノシロ，クロダイ，サヨリなど，おもに海水種が棲息する．

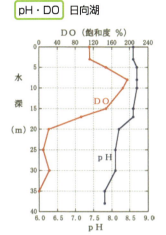

日向湖と久々子湖（2003年3月，大八木英夫氏撮影）

若狭湾を後方に望みつつ，手前から水月湖・日向湖・久々子湖
（2003年3月，大八木英夫氏撮影）

第5章 近畿・中国・四国

5-1 琵琶湖

——日本最大で世界有数の古い湖

　琵琶湖は，滋賀県の中央部に位置する．日本で最大の面積を有し，第2位の霞ヶ浦の約4倍である．断層でできた構造盆地に湛水した断層湖とされるが，その歴史は約400万年前にさかのぼり，日本で最も古く世界でも有数の古い湖である．面積だけでなく年齢やその変遷，容積，人々とのかかわりなど多くの点において別格の湖といえる．形成初期の琵琶湖は，現在の位置より南南東に数10 km以上離れた三重県上野盆地あたりにできた凹地に湛水したものとされる．この湖はやがて土砂によって埋積されたが，約250万年前，現在の湖南から湖東地域にかけて多くの湖や沼が出現した．このころは比較的温暖で，当時の地層からメタセコイヤやゾウの足跡の化石が発見されている．これらの湖もいったんは消滅するが，約100万年前に現在の堅田丘陵あたりに小さな湖ができた．その後，約40万年前にこの地域の地殻運動が活発となり，湖を取り巻く比良山地や鈴鹿山脈などの隆起が激しくなったことにより深い湖となり，ほぼ現在の湖の形になったとされる．また，周囲の山地部が上昇するのとは逆に，湖のある地域では地盤が沈降しており，現在でもその沈降は継続している．湖の北岸に野坂山地，西岸に比良山地，東岸に伊吹山地と鈴鹿山脈が迫っているが，南東岸は開けて近江盆地が広がっている．南部の狭窄部に架けられた琵琶湖大橋を境にして，広くて大きい北湖と浅くて狭い南湖に分けられる．湖内には，沖島，竹生島，多景島，白石（沖の白石）がある．沖島は，面積約1.5 km^2，周囲約10 kmで，常住人口は約340人（2011年）である．淡水湖の島に集落があるというのは，日本ではこの島だけであり世界的にみても珍しい．竹生島は，面積0.14 km^2，周囲2 kmで，島内の最高峰は標高197.6 mである．由緒ある社寺を訪れる観光客は多いが，常住する人はいない．

　湖面標高は84.371 m，最大水深は，北湖が103.6 m，南湖が7.9 m，平均水深は41.2 m（北湖約43 m，南湖約4 m），湖面積669.2 km^2（北湖約613 km^2，南湖約56 m^2），集水域面積（湖面積を除く）3,174 km^2，容積約27.5 km^3（275億m^3，北湖約273億m^3，南湖約2億m^3），湖岸線延長は235.20 km，長径は約63.49 km，最大幅は22.80 km，最小幅は琵琶湖大橋の地点で1.35 kmである．流入河川は，約120を数え，このうち流路長が50 kmを超えるのは南東岸に流入する野洲川と西岸に流入する安曇川である．そのほかに，日野川，愛知川，犬上川，姉川，宇曽川，芹川，余呉川などがある．流出河川は，自然のものは南岸から流出する瀬田川1つで，人工のものとしてやはり南岸に琵琶湖疎水がある．瀬田川は，宇治川，淀川と名前を変えて大阪湾に注いでいる．琵琶湖の分水嶺は，滋賀県と隣県の県境となっているところが多く，琵琶湖も含めた集水域は，滋賀県の面積の約96％にもなる．また，琵琶湖の面積は滋賀県の約17％（約1/6）である．瀬田川には，1905（明治38）年に南郷洗堰と呼ばれる堰が設けられた．その後，1961（昭和36）年に新洗堰（瀬田川洗堰），1992（平成4）年にバイパス水路が完成して，現在は新堰と

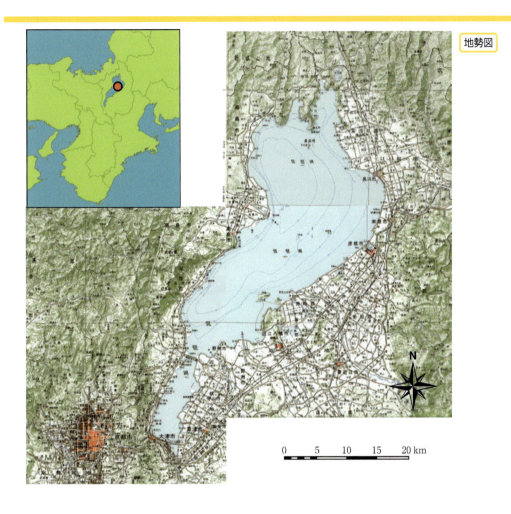

地勢図

琵琶湖疏水（2010年5月，佐藤芳徳撮影）

バイパス水路によって水位調節が行われている．また，琵琶湖疎水は京都への電力および生活用水供給のために建設された疎水で，1890（明治23）年に完成した．その後，第2疎水が1912（明治45）年に完成し，現在では約200万 m^3/日が取水され，生活用水，発電用水，灌漑用水など多方面に利用されている．琵琶湖の総流出量は年間約50億 m^3（159 m^3/sec）で，平均滞留時間は約5.5年と推定されている．

　水温は，夏季の表層で約28〜30℃，水深80 mで約8℃である．水温躍層は水深10〜20 mにある．冬季の表層では約6℃で結氷しない．水質は，面積が大きく水域による変化が大きい．北湖の湖心では，pHは夏季の表層で7.9〜8.2，底層では7.4である．南湖でも表層は約7.9であるが，水深3 m付近では8.5である．溶存酸素量は，北湖の1991年夏季の表層では90〜95％でほぼ飽和状態であったが，水深20 mで80％，80 mで70％と徐々に低下した．南湖ではほぼ100％であった．CODは，北湖の表層で2.5〜2.6 mg/L，水深80 mで1.8 mg/L，南湖では約3.0 mg/Lで，北湖では少しずつではあるが上昇傾向にある．全窒素は，北湖で約0.30 mg/L，南湖で0.40 mg/L，全リンは，北湖で0.01 mg/L，南湖では0.02〜0.025 mg/Lであり，湖沼型としては中栄養湖に分類される．透明度は，1920〜30年代には8〜10 mであったが，1950〜60年代には7〜8 m，1970年代には6〜7 mに低下した．最近では，北湖で5〜7 m，南湖では約2 mである．琵琶湖は古い湖のため生物種がきわめて多く，約1,100種もの動植物が棲息しているといわれている．そのうち琵琶湖の固有種は，報告されているものだけでも58種に及ぶ．プランクトンは，種類，数とも多い．琵琶湖では，高度経済成長期以降，水質悪化や富栄養化が急激に進んだ（高村編，2000ほか）．その結果，淡水赤潮やアオコが発生し，琵琶湖の水を利用する浄水場ではカビ臭が問題となった．淡水赤潮は，1977（昭和52）年5月に初めて観察された．以後，1986年を除いて毎年発生してきたが，1997年以降は2〜3年に1回くらいに減っている．アオコは，1983年9月に南湖で初めて観測された．1984年は発生がみられなかったが，1985年以降は毎年発生している．魚類は，ワカサギ，コイ，フナ，アユ，イサザ，ヨシノボリ，ホンモロコ，ウナギ，ナマズなどが多数棲息し，最大で1.2 mを超えるビワコオオナマズ，ビワマス，ホンモロコ，ゲンゴロウブナ，ワタカ，イサザなどの8種が固有種とされている．近年は，放流されたオオクチバスやブルーギルも多くみられる．漁獲量は，アユ，フナ，イサザなどが多い（環境庁，1993）．また，琵琶湖独特の漁法として，エリと呼ばれる定置網漁法がある．

　琵琶湖は，縄文時代や弥生時代から湖畔に人々が住みつき，湖面は交通路として利用されてきた．また，万葉集には「淡海（あふみ）」，古事記には「淡海の湖（あふみのうみ）」と記されている．琵琶湖という名で呼ばれるようになったのは，測量技術の発達により湖の形が琵琶に似ていることがわかった江戸時代中期以降である．戦後，水質などの環境が悪化したため，滋賀県では1980（昭和55）年に工業排水と家庭雑排水を規制する琵琶湖条例を制定し，環境保全に努めてきた．1993（平成5）年には生物の多様性が認められて，ラムサール条約湿地に登録された．琵琶湖の水利用人口（生活用水利用）は，滋賀県が約110万人，京都府180万人，大阪府880万人，兵庫県280万人，近畿圏合計で約1500万人にものぼり，湖の水質保全はきわめて重要な課題とされている．

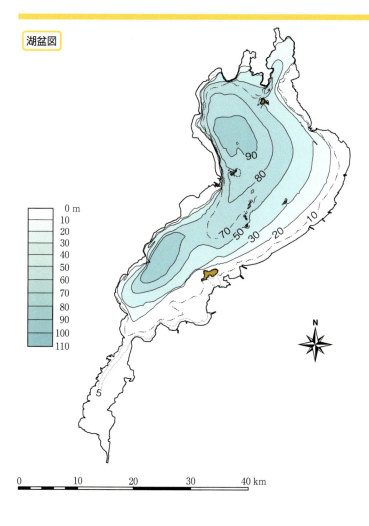
湖盆図

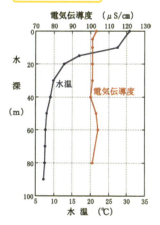
水温・電気伝導度

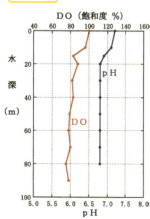
pH・DO

大津市からの南湖（2010年5月，佐藤芳徳撮影）

沖の島を臨む（2010年5月，佐藤芳徳撮影）

5-2 中海

── 多様な産業を支える広大な汽水湖

　中海は，鳥取県と島根県の県境に位置し，宍道湖とともに斐伊川水系の下流域となっている．気候の温暖化により海水準が上昇し陸域に侵入した海水が，その後の気候の変化や砂州の発達などにより取り残されてできた海跡湖である．日本海と境水道で結ばれ，海水の侵入を受ける汽水湖で，宍道湖とは大橋川でつながっている．湖の東側は，砂州の弓ヶ浜半島によって日本海の美保湾と隔てられている．さらに，遠方には伯耆富士とも呼ばれる大山が望まれる．北側は島根半島，西側は嵩山や和久羅山が聳えて山がちな地形である．湖内には，大根島と江島がある．大根島は，『出雲国風土記』にも記されている面積が約 6 km² の火山島で，薬用人参とボタン栽培で知られる．

　湖面標高は 0 m，最大水深 8.4 m，平均水深 5.4 m，湖面積 86.79 km²，集水域面積（湖面積を除く）約 595 km²，容積 0.521 km³，湖岸線延長 104.6 km，長径 20.2 km である．湖面積は，日本第 5 位である．おもな流入河川は，宍道湖からの大橋川や南岸に流入する飯梨川，伯太川，意宇川などで平均流入量は 92 m³/sec である．流出河川は境水道で，平均滞留時間は約 0.18 年と短い．

　水温は，夏季の表層で約 30℃，深層で約 25℃，弱い水温躍層が水深 3〜5 m にみられる．水質は，pH が表層で 8.5，深層で 7.8 とややアルカリ性で弱い躍層がみられる．溶存酸素量は，夏季に表層ではほぼ 100%，また過飽和となることもある．水深 4〜5 m で急激に減少し，深層では無酸素状態である．COD は夏季の表層で 10 mg/L を超えることもあるが，平均では約 5.0 mg/L で深層ではやや低い値となっている．全窒素は，0.5〜0.8 mg/L で減少傾向にある．全リンは 0.05〜0.09 mg/L で全窒素と同様に減少傾向にあるが，富栄養湖に分類される．塩分濃度が高く，表層では 10〜18‰であるが，深層では海水が侵入しており，30‰と海水に近い濃度を示すこともある．透明度は，湖心では 5 m を超えることもあるが，そのほかの地点では 1.5〜2.0 m である．プランクトンは，種類，数ともに多く，特にケイ藻類が多い．塩分濃度によって出現種が変化し，リョク藻類やラン藻類も多い．また，近年はほぼ毎年アオコや赤潮が発生する．魚類は，ボラやスズキといった海水種に加えて，フナ，ワカサギ，コイなどの淡水種も数多くみられる．

　中海は，日本を代表する汽水湖であるがゆえに，これまで淡水化事業や湖面埋め立てなどが計画され，一部は実施されてきた．また，流域には多くの人々が生活し，各種の産業が盛んで，それに伴う水質悪化が問題となった．そのため，湖沼水質保全計画が策定され，水質浄化が試みられている．湖は，水産に利用されるだけでなく，釣りやウィンドサーフィンや水上スキー，バードウォッチングなどの観光やレジャーも盛んである．また，大根島の溶岩洞穴などを訪れる人も多い．2005 年 11 月には，生物の多様性が認められて，宍道湖とともにラムサール条約湿地に登録された．

湖盆図

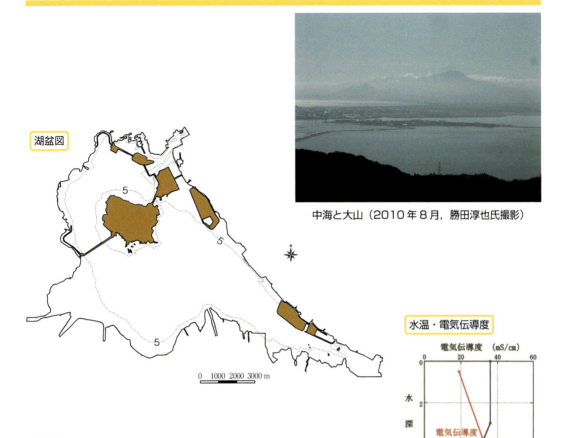

中海と大山（2010年8月，勝田淳也氏撮影）

水温・電気伝導度

地勢図

pH・DO

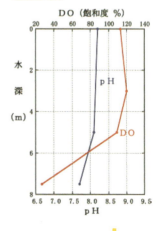

5-2 中　　海

5-3 宍道湖

── 神話と伝説の湖

　宍道湖は，島根県の北東部に位置する．斐伊川水系の下流部であり，中海と大橋川で結ばれる汽水湖である．数々の神話や伝説があり，『出雲国風土記』にも記述がみられる．成因は中海とほぼ同じく，約7000年前（縄文時代の初期），気候の温暖化に伴い海水準が上昇し海水が陸地に侵入し古宍道湾ができ，その後斐伊川による埋積や海水準の変動などにより形を変えて，約300年前の江戸期に斐伊川の東流が固定し現在の宍道湖が誕生した．そのため，海跡湖に分類される．

　湖面標高は 0.3 m，最大水深 6.4 m，平均水深 4.5 m，湖面積 79.16 km^2，集水域面積（湖面積を除く）約 1,288.4 km^2，容積 0.366 km^3，湖岸線延長 47.3 km，長径 18.0 km である．おもな流入河川は，斐伊川，忌部川，玉湯川，来待川などで平均流入量は 61.8 m^3/sec である．流出河川は大橋川と佐陀川で，佐陀川は洪水防止と水運のために江戸時代に掘削された人工の水路である．湖水の平均滞留時間は約 0.19 年と短い．

　水温は，夏季の表層で約27℃，深層でもほぼ同じで水温躍層はほとんどみられない．水質は，pH が夏季の表層で 8.6，深層で 7.4 とややアルカリ性で，化学躍層はほとんどみられない．溶存酸素量は，夏季の表層ではほぼ100%，また過飽和となることもある．水深約 3 m で減少し，深層では約30%である．斐伊川など流入河川の影響が大きく，湖底付近でも 50% 程度になることがあり，無酸素状態にはほとんどならない．COD は夏季の表層で約 5 mg/L であり，平均では約 4.5 mg/L，深層でもほぼ同じ値である．全窒素は 0.47〜0.6 mg/L，全リンは 0.05〜0.06 mg/L で減少傾向にあるが，富栄養湖に分類される．汽水湖であるが，中海ほど塩分濃度は高くなく 0.5〜10‰，平均で約3‰で海水の 1/8〜1/10 である．湖水の塩分濃度は，風向や海水位によって絶えず変化しており，湖底に高濃度の塩水が侵入することもある．透明度は，かつては湖心で 4 m を観測したこともあったが，水深が浅いこともあり最近は約 1.0 m である．プランクトンは，種類，数ともに多く，その大部分は淡水種である．また，年によりアオコや赤潮の発生がみられる．魚類は，フナ，ワカサギ，コイ，ウナギなどの淡水種のほかに，ハゼ，スズキ，ボラなどの海水種など種類，数ともに多く棲息する．また，貝類ではヤマトシジミが多く，全国有数の漁獲量を誇っている．

　宍道湖は，東岸に松江市が広がり，また西岸は出雲大社がある出雲平野につながっている．古くから人々の生活の場としての機能を果たしている一方で，斐伊川の集水域が広く洪水流が集中することや，流出河川である大橋川の川幅が狭く水深が浅いことなどにより，しばしば水害に見舞われてきた．そのため，浚渫，埋め立てや湖岸整備，人工水路の佐陀川掘削などの改変が絶えず行われてきた．また，水質汚濁を防止し，環境を保全するための湖沼水質保全計画も策定されている．2005 年 11 月には，ラムサール条約湿地に登録された．

湖盆図

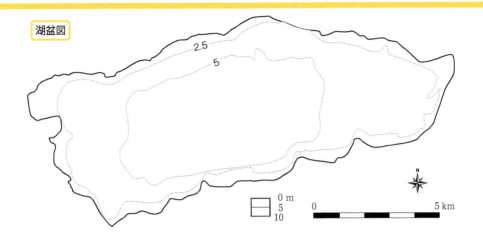

水温・電気伝導度

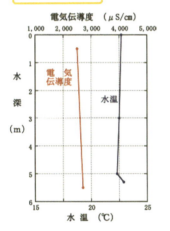

pH・DO

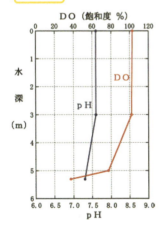

地勢図

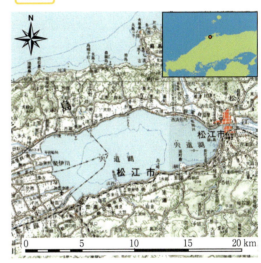

宍道湖と夕陽（2010年7月，勝田淳也氏撮影）

5-3 宍道湖

第6章 ● 九　州

6-1　霧島湖沼群

── 火山の中に散らばる個性豊かな湖沼群

　霧島火山は宮崎・鹿児島県境にあり，加久藤カルデラの南縁部に生じた安山岩質の成層火山や砕屑丘からなる火山群である．最高峰の韓国岳（1,700 m）をはじめ，高千穂峰，中岳，大幡山，御鉢など20を超える火山や火口が，比較的狭い地域に分布している．火口湖として，御池，小池，大浪池，大幡池，六観音御池などがある．

《霧島御池》

　宮崎県南部に位置する．霧島屋久国立公園の高千穂峰（標高 1,574 m）の山麓にあり，霧島湖沼群の中心的存在である．

　湖面標高は 305 m，最大水深 93.5 m，平均水深 57.7 m，湖面積 0.72 km^2，容積約 0.0375 km^3，湖岸線延長は 3.90 km，長径は約 0.98 km である．流入河川は4つあるが，いずれも小河川である．流出河川は，自然のものはなく北東岸に農業用水の取水口がある．

　水温は，夏季の表層で約28℃，水深 50 m で約9.5℃である．水温躍層は水深 5〜15 m にある．冬季の表層では 9〜10℃で結氷しない．水質は，pH が夏季の表層で 8.3〜8.9 とややアルカリ性，水深 10 m 以深では 6.0〜6.3 とやや酸性となり，明瞭な躍層がみられる．溶存酸素量は，夏季の表層では 100〜120% であるが，水深 50 m では 20% 以下となっている．COD は表層で 5.0 mg/L，全窒素は 0.4〜0.5 mg/L，全リンは 0.003〜0.007 mg/L で，貧ないし中栄養湖に分類されている．透明度は，かつては 8〜10 m であったが，最近では約 3 m である．プランクトンは比較的多く，淡水赤潮が発生したこともある．魚類は，オイカワ，ウグイなどのほか，オオクチバスもみられる．

《小　池》

　小池は，御池の南西，約 600 m に位置する．湖面標高 430 m，最大水深 12.3 m，湖面積 0.05 km^2，湖岸線延長約 1.1 km，長径約 0.37 km である．水温は，夏季の表層では 25℃を超え，水深 10 m

不動池（堀内清司氏撮影）

不動池（2004年8月，大八木英夫氏撮影）

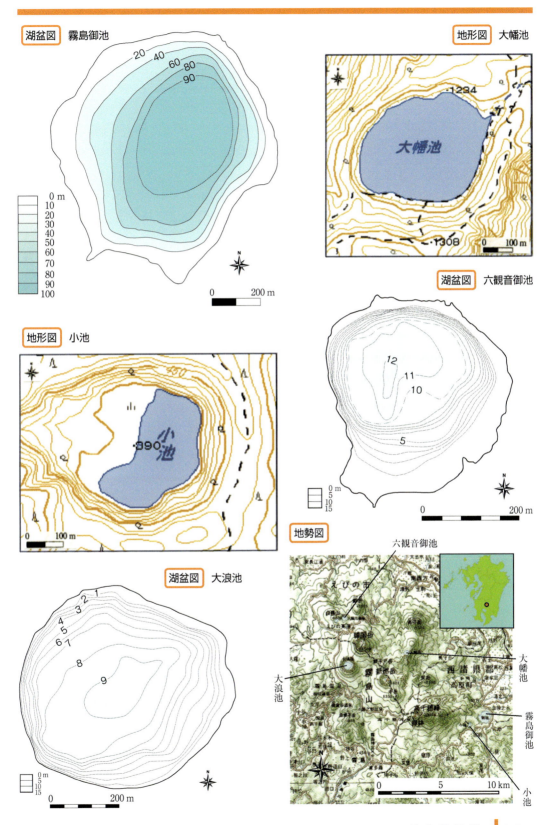

6-1 霧島湖沼群

で 11.5℃，冬季は結氷しない．pH は，夏季の表層で 7.6〜7.7，深層では 6.6 であり，溶存酸素量は，表層では 100〜110% であるが，湖底付近では 10% 以下で無酸素状態となっている．COD は 3.6 mg/L，全窒素は 0.28 mg/L，全リンは 0.017 mg/L で，中栄養湖に分類される．透明度は約 3 m である．

《大幡池・六観音御池・大浪池》

　大幡池は，湖面標高 1,250 m，最大水深 13.8 m，湖面積 0.10 km^2 である．水温は，夏季の表層では約 23℃，冬季は結氷する．pH は，やや酸性から中性で変動が大きく，表層で 5 以下となることもある．

　六観音御池は，霧島湖沼群の北部，えびの高原に位置する．湖面標高 1,198 m，最大水深 14.0 m，湖面積 0.17 km^2 である．冬季は結氷し，pH は，変動が大きく表層で 4 以下となったこともある．

　大浪池は，鹿児島県に属する．湖面標高 1,241 m，最大水深 11.6 m，湖面積 0.25 km^2 である．冬季は結氷し，pH は，やや酸性から中性で変動が大きい．3 湖とも貧栄養湖ないしは酸栄養湖に分類され，プランクトン類はきわめて少なく，水は澄んでいて湖底まで見通せる（環境庁, 1993）．

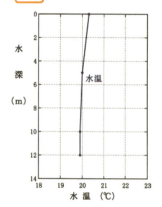

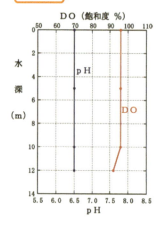

六観音御池（堀内清司氏撮影）

水温　六観音御池　　　pH・DO　六観音御池　　　水温・電気伝導度　大浪池

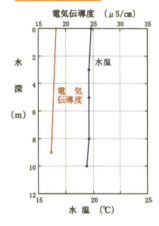

pH・DO　大浪池

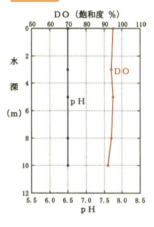

大浪池（2004年8月，大八木英夫氏撮影）

大浪池（大八木英夫氏撮影）

6-1　霧島湖沼群

6-2 池田湖

――山麓湧水を養う深く明るい南国の湖

　池田湖は，鹿児島県薩摩半島の南端，指宿市の西域に位置する．早春には湖岸が黄色い菜の花で埋まり，湖面に映える開聞岳とともに明るい南国の雰囲気を漂わせている．池田湖は，約5000年前に始まった火山活動により生じたカルデラ内に湛水した湖で，湖内には高さが約190 mの湖底火山（火口丘）がある．池田湖付近の火山活動は，約5万年前に活発となり，火山噴出物が広い範囲に厚く堆積して，緩やかな起伏をもつ台地を形成している．この噴出物は白っぽい色をしており，シラスと呼ばれている．

　湖面標高は66 m，最大水深233 m，平均水深125.5 m，潜窪（海面下の深さ）167 m，湖面積11.1 km^2，容積1.46 km^3，集水域面積（湖面積を除く）11.3 km^2，湖岸線延長15.1 kmである．最大水深は，日本第4位である．大きな流入河川をもたず，また湖からの自然の流出河川もなく，湖底からの地下水流出によって水位が保たれている．湖への流入量は1.36 m^3/secで，湖水の滞留時間は約33.5年と推定されている．

　水温は，温暖な気候帯に位置するため，日本のほかの湖と比べてかなり異なっている．夏季の表面水温は，約30℃で水温躍層は水深15～25 mにある．湖底付近では，約10℃で年間を通して4℃以下になることはない．すなわち，毎年冬季に湖底までの湖水循環が生じることのない，いわゆる不完全循環湖に属する．1970年代までは，数年あるいは十数年に1回訪れるような寒い冬にのみ，湖底までの循環が生じることが知られていた．しかし，近年は湖底までの循環が生じた形跡がなく，湖底付近はほぼ無酸素状態となっている．湖水の垂直循環は，おもに湖面冷却によって生じる下方への密度流によるが，冬季の気温低下が弱まり，湖底まで循環するには湖面での冷却が不十分なためである．水質は，pHが夏季の表層で7.9～8.0，深層では6.7～6.9である．溶存酸素量は，夏季の表層ではほぼ100%で飽和状態であるが，深層では徐々に低下し湖底付近で無酸素状態である．CODは，表層で2.5～2.6 mg/L，深層で0.6～0.9 mg/Lである．全窒素は，表層で0.16～0.19 mg/L，深層で0.25～0.29 mg/Lと深層が高い．全リンは，表層で0.007～0.008 mg/L，深層で0.003～0.006 mg/Lである．湖沼型としては，中栄養湖に分類される．透明度は，1929年に26.8 mを観測したが，その後は減少傾向で最近は5～10 mである．昭和の初期までは典型的な貧栄養湖であったが，1950年代から湖岸に集落が増え観光地としても整備されたため，徐々に富栄養化した．プランクトンは，種類，数ともに増加傾向で，魚類はワカサギ，アユ，ゴクラクハゼ，コイ，ギンブナなどがみられ，また体長2 m，胴回りが50 cmのオオウナギが棲息していることでも知られている．また，「南薩畑地かんがい事業」により，西部の集水域外3河川からの河川水が池田湖に一時貯留され，約6,000 haの畑地灌漑用水として利用されている．

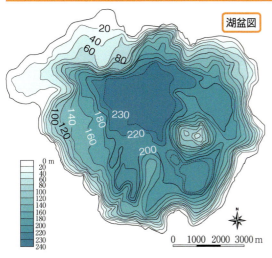

湖盆図

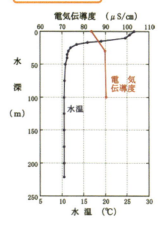

水温・電気伝導度

開聞岳と池田湖を臨む（開聞町役場提供）
なお，開聞町は 2006 年の合併で現在は指宿市となっている．

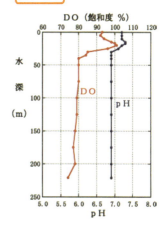

pH・DO

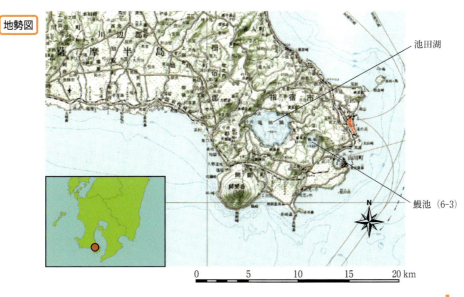

地勢図

6-2 池　田　湖

6-3 鰻　　　　池

── 火山地帯の静かな湖

　鰻池は，鹿児島県薩摩半島の最南端，池田湖の東方約 1.6 km に位置する．火口湖ともいわれるが，湖周辺の地形などからカルデラ湖とする説が有力である．名称は，かつて体長が 1.5 m もあるウナギが捕れたことに由来するといわれている．周囲は急崖と深い森林に取り囲まれている．

　湖面標高は 120 m，最大水深 56.5 m，平均水深は 34.8 m，湖面積 1.20 km^2，集水域面積（湖面積を除く）1.2 km^2，容積約 0.04 km^3，湖岸線延長は 4.20 km，長径は約 1.3 km である．顕著な流入河川，流出河川はない．南東岸に，灌漑用水と生活用水に利用される取水口がある．

　水温は，夏季の表層で約 30℃，水深 50 m で約 10.7℃ である．水温躍層は水深 8〜20 m にみられる．冬季の表層は 10〜11℃ で結氷しない．水質は，pH が夏季の表層で 8.3〜8.4，深層では 6.9〜7.1 とやや低くなる．1979 年に 9.2 と高い値が観測されたが，近年は 8.5 を超える値の報告はない．溶存酸素量は，夏季の表層ではほぼ 100% で飽和状態であるが，深層では 40〜50% と減少する．1970 年代から 1980 年代半ばにかけて，湖底付近で無酸素状態になることが報告された．温暖な気候下にあり，冬季の湖面での冷却が十分でなく，湖底までの垂直循環が十分行われないため，湖底付近での溶存酸素量が回復しない．COD は，1979 年には表層で 5.5 mg/L という高い値が観測されたが，以後は漸減傾向にあり，最近は表層で 2.3〜2.6 mg/L，深層 80 m で 1.5〜2.1 mg/L である．全窒素は，1979 年の表層で 1.35 mg/L であったが，最近では表層で 0.14〜0.17 mg/L，深層で 0.14〜0.40 mg/L である．全リンは，1979 年は 0.124 mg/L であったが，以後減少し，最近では表層で 0.004〜0.005 mg/L，深層で 0.005〜0.009 mg/L である．湖沼型としては，中栄養湖に分類される．透明度は，1920〜30 年代には約 10 m，1970 年代には 2〜3 m に低下し，1979 年 6 月に 1.1 m という低い値になった．その後，生活排水の流入が制限されたために回復し，最近では約 7 m である．プランクトンは，種類は少ないが，数は多い．植物プランクトンではケイ藻類が多く，1970 年代中ごろでは淡水赤潮が発生したこともある．魚類は，ウナギ，ワカサギ，コイ，フナ，モツゴ，ゴクラクハゼなどが多数棲息するが，名前の由来ともなったオオウナギはほとんどみられなくなった．

　東岸には鰻温泉があり，蒸気が立ち上り，かすかに硫黄のにおいが漂って，火山地帯にあることを感じさせる．集落内の民家には，スメと呼ばれるかまどがつくられて噴気を炊事などに利用している（写真）．1970 年代に水質が急激に悪化したが，鰻池をきれいにする条例が制定されて，生活用水の流入を規制することにより水質改善が図られた．また，水深 20 m 付近の湖水を採取し，周辺集落の生活用水として利用している．古くから湖の水や地熱など自然の恵みを有効に利用して，豊かな生活が営まれてきた地域といえる．

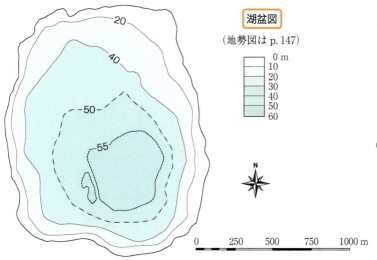

湖盆図 （地勢図は p.147）

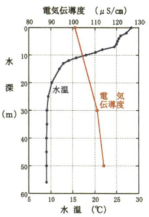

水温・電気伝導度

スメ（堀内清司氏撮影）

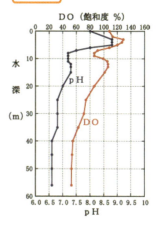

pH・DO

鰻池（左）と池田湖（右）（開聞町役場提供）

6-4 上甑島湖沼群

——海水との交流がもたらす南の島の不可思議な湖沼群

 甑島列島は,東シナ海に浮かぶ島々で,鹿児島県薩摩川内市に属する.上甑島は,列島の北東部にあり,島の北岸には海岸線のすぐ内側に,北から海鼠池,貝池,鍬崎池などの湖がある.これらの湖は海跡湖であるが,きわめて特徴的な形態をしている.約5000～6000年前,海鼠池の北西にある断崖から海中に崩れ落ちた岩石が,海岸に沿って細長く堆積し砂州を形成した.この砂州は,おもに礫からできているので礫州ともいうべきものである.その礫州が,海面の低下によって海面上に現れ,陸地との間が湖となった.礫径は,礫の供給地に近い海鼠池のものが最も大きく,礫間を通して海水の流出入がある.中間に位置する貝池でも,海鼠池ほど多くはないものの,礫間から海水が流入する.鍬崎池では,礫径が小さく海水の流入はほとんどみられない.そのため,ほぼ同時期に形成されたにもかかわらず隣接する3つの湖の水質はまったく異なっている.

海鼠池 最大水深 26.4 m,湖面積 0.50 km^2,容積約 0.0047 km^3,顕著な流入河川,流出河川はない.海への開口部もなく湖水は礫州を通して外海へ流出しているため,湖面は海面の潮汐変動に応じて変動する.水温は,夏季の表層で約32℃,水深10 mで約19℃,20 mで約15℃である.水温躍層は水深7～10 mにみられる.水質は,pHが表層で8.2,深層では7.6である.溶存酸素量は,表層では90％程度であるが,深層では無酸素状態である.富栄養湖に分類され,透明度は7～8 m,魚類はほとんどすべて海水種で,ボラ,スズキ,キスなどが多数棲息する.

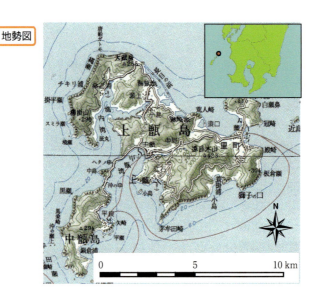

地勢図

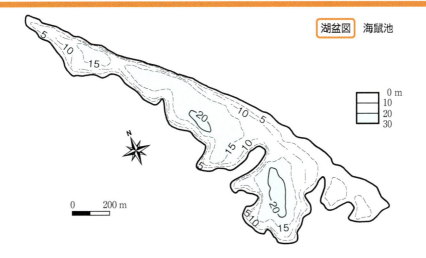

湖盆図 海鼠池

海鼠池（堀内清司氏撮影）

長目の浜（2009年8月，太田真木氏撮影）

6-4 上甑島湖沼群

貝　　池　最大水深 11.6 m，湖面積 0.16 km^2，容積約 0.00075 km^3．顕著な流入河川，流出河川はない．海への開口部もなく湖水は礫州の内部から外海へ流出するほか，人工的な流出入口を通じて海鼠池との出入もみられる．水温は，夏季の表層で 30〜31℃，水深 4 m 付近で約 37℃，5〜7 m は水温躍層で 25.5〜21.2℃，7〜10 m は 21.2〜21℃ と，水深 4 m 付近に最高温度層をもつ 4 層構造の成層をしている．この最も水温が高い層は，塩分境界層に対応している．このように中間層に最高水温を示す湖は，世界的にみても珍しい．水質は，pH が表層で 8.1〜8.2，深層では 7.5 である．溶存酸素量は，表層ではほぼ 100%，中層では過飽和となるが，水深 5 m 以深では無酸素状態で，湖底付近は還元状態にある．富栄養湖に分類され，透明度は約 3 m である．塩分濃度は，表層では海水の 60% 程度，5 m 以深の深層では海水に近く，きわめて明瞭な塩分躍層がある．深層では硫化水素の濃度が高く，生物はほとんど棲息しない．また，水深 5 m 付近には，二重底と呼ばれる赤ないしピンク色の層がみられる．これは，嫌気性の光合成細菌によるものと考えられている．

鍬崎池　最大水深 5.9 m，湖面積 0.18 km^2，容積約 0.00046 km^3 である．顕著な流入河川，流出河川はない．海への開口部もなく湖水は淡水に近い．水温は，夏季の表層で約 30.5℃，水深 4 m で約 28℃ である．水温躍層はみられない．水質は，pH が 7.1〜7.8，溶存酸素量は，表層では 100% を超えるが，湖底付近では約 40% に減少する．富栄養湖に分類され，透明度は約 1.5 m である．魚類は，コイ，オオウナギなどの淡水種が棲息する．

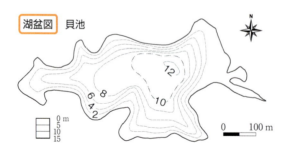

鍬崎池（2000 年 7 月，堀内清司氏撮影）

鍬崎池（2009年8月，太田真木氏撮影）

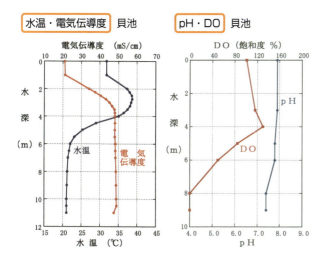

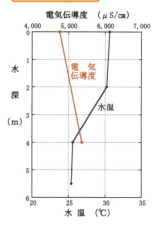

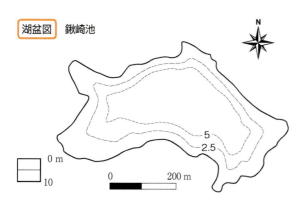

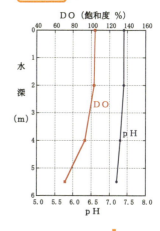

6-4 上甑島湖沼群

付表　日本のおもな湖の位置と湖盆形態

1) 面積順に列挙し，第Ⅱ部で取り上げた湖が含まれる上位172湖沼を掲載した．
2) 湖沼名の＊印は浸透湖，¶印は汽水湖を表す．
3) 湖・沼・池の定義については本文12ページ，湖盆形態の諸元は14ページ，浸透湖に関しては16ページ，汽水湖の関連事項は32ページをそれぞれ参照．
4) 緯度・経度は湖心の位置を示す．
5) 作表にあたっては下記の文献を参照したが，計測に用いる基図の縮尺・測量年代等によって数値に差異が生じる場合もある．なお，平均水深と肢節量の値は新たに算出した．〔環境庁自然保護局〔編〕，1995；国立天文台〔編〕，2013；田中，2004；日本陸水学会〔編〕，2006；Horie, 1962〕

湖沼名	都道府県	本文頁	緯度(N)	経度(E)	湖面標高(m)	面積(km²)	容積×10⁶(m³)	湖岸線延長(km)	長軸(km)	最大幅(km)	最大水深(m)	平均水深(m)	肢節量
琵琶湖	滋　賀	134	35°15′	136°05′	85	670.3	27,616	241.2	68.0	22.6	103.8	41.2	2.63
霞ヶ浦（西浦）	茨　城	86	36°02′	140°24′	0	167.6	570	119.5	32.0	12.0	11.9	3.4	2.60
サロマ湖¶	北海道	38	44°09′	143°48′	0	151.8	1,321	86.7	25.4	9.4	19.6	8.7	1.99
猪苗代湖	福　島	80	37°28′	140°06′	514	103.3	5,320	50.4	14.2	9.8	93.5	51.5	1.40
中海¶	島　根	138	35°29′	133°11′	0	86.1	465	104.6	20.2	10.8	17.1	5.4	3.18
屈斜路湖	北海道	44	43°37′	144°20′	121	79.6	2,261	56.8	18.0	8.0	117.5	28.4	1.80
宍道湖¶	島　根	140	35°27′	132°58′	0	79.1	356	47.3	18.0	6.2	6.0	4.5	1.50
支笏湖	北海道	48	42°45′	141°20′	248	78.4	20,807	40.4	12.2	8.4	360.1	265.4	1.29
洞爺湖	北海道	52	42°36′	140°51′	84	70.7	8,272	49.9	11.0	9.8	179.7	117.0	1.67
浜名湖¶	静　岡	124	34°45′	137°35′	0	65.0	312	113.8	20.5	10.0	13.1	4.8	3.98
小川原湖¶	青　森		40°47′	141°20′	0	62.2	653	47.2	19.0	5.6	24.4	10.5	1.69
十和田湖	青　森	60	40°28′	140°53′	400	61.0	4,331	46.0	11.0	9.4	326.8	71.0	1.66
能取湖¶	北海道		44°03′	144°09′	0	58.4	502	33.3	11.8	8.0	23.1	8.6	1.23
風蓮湖¶	北海道		43°17′	145°21′	0	57.7	58	93.5	20.0	6.0	13.0	1.0	3.47
北浦	茨　城	86	36°01′	140°34′	0	35.2	158	63.5	24.0	3.6	7.8	4.5	3.02
網走湖¶	北海道	40	43°57′	144°10′	0	32.3	197	39.2	12.0	4.0	16.1	6.1	1.95
厚岸湖¶	北海道		43°03′	144°54′	0	32.3	48	24.8	8.5	5.5	11.0	1.5	1.23
八郎潟調整池	秋　田		40°00′	140°00′	1	27.7	75	34.6	26.2	12.8	11.3	2.7	1.85
田沢湖	秋　田	66	39°43′	140°40′	249	25.8	7,224	20.0	6.6	5.8	423.4	280.0	1.11
摩周湖＊	北海道	42	43°35′	144°33′	351	19.2	2,640	19.8	6.8	4.4	211.4	137.5	1.27
十三湖¶	青　森	58	41°01′	140°22′	0	18.1	—	28.4	7.8	4.8	3.0	—	1.88
クッチャロ湖	北海道		45°09′	142°20′	0	13.3	13	30.1	11.4	2.6	3.3	1.0	2.33
阿寒湖	北海道	46	43°27′	144°06′	420	13.3	237	25.9	7.0	4.5	44.8	17.8	2.00
諏訪湖	長　野	112	36°03′	138°05′	759	12.9	59	17.0	5.6	4.1	7.6	4.6	1.34
中禅寺湖	栃　木	84	36°44′	139°28′	1,269	11.8	1,116	22.4	7.0	3.7	163.0	94.6	1.84
池田湖＊	鹿児島	146	31°14′	130°34′	66	10.9	1,368	15.0	4.7	3.4	233.0	125.5	1.28

湖沼名	都道府県	本文頁	緯度(N)	経度(E)	湖面標高(m)	面積(km²)	容積×10⁶(m³)	湖岸線延長(km)	長軸(km)	最大幅(km)	最大水深(m)	平均水深(m)	肢節量
桧原湖	福 島	70	37°41′	140°03′	822	10.7	128	38.0	10.5	2.8	30.5	12.0	3.28
涸沼¶	茨 城		36°17′	140°30′	0	9.4	20	20.0	11.0	1.8	3.0	2.1	1.84
印旛沼	千 葉		35°46′	140°13′	2	8.9	15	43.5	25.0	4.5	4.8	1.7	4.12
濤沸湖¶	北海道		43°56′	144°24′	1	8.3	9.1	27.3	10.0	1.9	2.4	1.1	2.67
久美浜湾¶	京 都		35°38′	134°54′	0	7.2	―	23.0	4.4	4.4	20.6	―	2.42
湖山池¶	鳥 取		35°30′	134°09′	0	7.0	20	17.5	4.0	2.5	6.5	2.9	1.87
芦ノ湖	神奈川	96	35°13′	139°00′	725	6.9	173	19.2	6.5	2.5	40.6	25.1	2.06
山中湖	山 梨	98	35°25′	138°52′	981	6.8	64	14.1	6.0	2.0	13.3	9.4	1.53
塘路湖	北海道		43°09′	144°33′	6	6.3	20	17.9	8.0	1.5	6.9	3.2	2.01
松川浦¶	福 島		37°48′	140°59′	0	5.9	―	22.6	7.0	1.5	5.5	―	2.62
外浪逆浦¶	茨 城	86	35°55′	140°36′	0	5.9	―	11.8	3.5	2.4	23.3	―	1.37
河口湖	山 梨	98	35°31′	138°45′	831	5.7	53	18.4	6.2	1.6	14.6	9.3	2.17
温根沼¶	北海道		43°15′	145°31′	0	5.7	6.8	14.0	6.5	1.7	7.3	1.2	1.65
鷹架沼	青 森		40°56′	141°20′	0	5.7	15	21.7	8.5	1.2	7.0	2.6	2.56
猪鼻湖¶	静 岡	124	34°47′	137°33′	0	5.4	25	14.3	3.8	2.8	16.1	4.6	1.74
渡島大沼	北海道	54	42°00′	140°41′	129	5.3	31	20.9	5.5	1.3	11.6	5.8	2.56
コムケ湖¶	北海道		44°16′	143°30′	1	4.9	5.9	23.0	8.0	2.5	5.3	1.2	2.93
加茂湖¶	新 潟		38°04′	138°26′	0	4.9	25	17.1	5.0	1.7	9.0	5.1	2.18
声間大沼	北海道		45°23′	141°45′	1	4.9	7.8	10.0	3.1	2.5	2.2	1.6	1.27
阿蘇海¶	京 都		35°34′	135°11′	0	4.8	40	16.4	5.0	1.9	13.0	8.3	2.11
本栖湖*	山 梨	98	35°28′	138°35′	900	4.7	319	11.3	4.1	2.0	121.6	67.9	1.47
倶多楽湖*	北海道	50	42°30′	141°11′	258	4.7	494	7.8	2.8	2.5	148.0	105.1	1.01
野尻湖	長 野	106	36°49′	138°13′	657	4.4	92	14.3	3.3	2.6	38.3	20.9	1.92
水月湖¶	福 井	126	35°35′	135°53′	0	4.2	83	10.8	3.5	2.9	33.7	19.8	1.49
河北潟¶	石 川		36°40′	136°41′	0	4.1	8.2	24.8	10.0	4.2	4.8	2.0	3.46
手賀沼	千 葉	90	35°51′	140°05′	3	4.1	3.7	36.5	16.5	1.1	3.8	0.9	5.08
東郷池¶	鳥 取		35°28′	133°53′	0	4.1	8.6	12.7	3.8	2.3	3.6	2.1	1.77
渡島小沼	北海道	54	41°58′	140°40′	129	3.8	8.0	14.8	4.5	2.3	4.4	2.1	2.14
万石浦¶	宮 城		38°25′	141°24′	0	3.7	―	22.2	5.0	2.9	5.3	―	3.26
秋元湖	福 島	70	37°39′	140°08′	736	3.6	46	19.9	4.6	1.7	36.0	12.8	2.96
火散布沼¶	北海道		43°03′	145°01′	1	3.6	3.2	16.5	2.8	1.6	1.0	0.9	2.45
三方湖	福 井	126	35°34′	135°53′	0	3.6	4.7	9.6	3.3	1.7	5.8	1.3	1.43
尾駮沼¶	青 森		40°57′	141°21′	0	3.5	7.4	13.0	5.3	1.5	4.7	2.1	1.96
パンケ沼¶	北海道		45°02′	141°43′	3	3.5	3.5	7.5	2.4	2.0	3.6	1.0	1.13
然別湖	北海道		43°17′	143°07′	810	3.4	198	13.8	4.5	3.0	99.0	58.2	2.11
牛久沼	茨 城		35°57′	140°08′	1	3.4	―	16.0	3.5	1.5	2.8	―	2.45
長沼	宮 城		38°42′	141°08′	8	3.2	4.8	11.8	4.5	1.2	3.0	1.5	1.86

付表　日本のおもな湖の位置と湖盆形態

湖沼名	都道府県	本文頁	緯度(N)	経度(E)	湖面標高(m)	面積(km²)	容積×10⁶(m³)	湖岸線延長(km)	長軸(km)	最大幅(km)	最大水深(m)	平均水深(m)	肢節量
沼沢湖	福 島		37°27′	139°35′	474	3.0	181	7.5	2.4	1.6	96.0	60.3	1.22
パンケトー	北海道		43°29′	144°11′	450	2.9	69	12.4	4.0	1.6	54.0	23.8	2.05
宇曽利山湖	青 森		41°19′	141°05′	209	2.7	―	7.1	2.1	2.0	23.5	―	1.22
ウトナイ湖	北海道		42°42′	141°43′	3	2.3	1.4	9.5	4.5	1.8	0.8	0.6	1.77
西湖*	山 梨	98	35°30′	138°41′	900	2.1	81	9.6	4.0	1.1	71.7	38.6	1.87
尾瀬沼	群 馬		36°56′	139°18′	1,665	1.8	7.4	9.0	2.5	1.1	9.5	4.1	1.89
柴山潟	石 川		36°21′	136°23′	2	1.8	4.0	6.3	6.0	2.0	4.9	2.2	1.32
青木湖	長 野	108	36°37′	137°51′	822	1.7	49	6.5	2.0	1.5	58.0	28.8	1.41
余呉湖	滋 賀		35°31′	136°12′	132	1.7	13	5.7	2.3	1.2	13.0	7.6	1.23
田面木沼	青 森		40°52′	141°21′	0	1.6	6.1	8.3	3.8	0.9	8.0	3.8	1.85
久々子湖¶	福 井	126	35°36′	135°54′	0	1.4	2.5	7.1	3.0	0.8	2.5	1.8	1.69
木崎湖	長 野	108	36°33′	137°50′	764	1.4	25	7.0	2.6	1.0	29.5	17.9	1.67
小野川湖	福 島	70	37°40′	140°06′	794	1.4	10	9.8	4.1	1.1	21.0	7.1	2.34
鰻池*	鹿児島	148	31°13′	130°36′	122	1.2	42	4.2	1.3	1.1	55.8	35.0	1.08
神西湖¶	島 根		35°20′	132°42′	0	1.2	4.8	5.5	2.2	1.3	10.0	4.0	1.42
榛名湖	群 馬	92	36°28′	138°52′	1,084	1.2	9.7	4.6	2.5	0.8	14.0	8.1	1.18
藻琴沼¶	北海道		43°57′	144°19′	1	1.1	2.0	5.6	2.2	1.1	5.8	1.8	1.51
木場潟	石 川		36°22′	136°27′	1	1.1	1.8	6.1	2.4	0.7	6.3	1.6	1.64
チミケップ湖	北海道		43°38′	143°52′	290	0.96	12	7.4	2.3	0.8	22.0	12.5	2.13
内沼	青 森		40°51′	141°19′	0	0.94	2.3	8.4	2.5	1.0	5.6	2.4	2.44
日向湖	福 井	126	35°36′	135°53′	0	0.93	13	4.0	1.4	1.0	39.4	14.0	1.17
菅湖¶	福 井	126	35°35′	135°54′	0	0.91	―	4.2	1.7	0.8	13.0	―	1.24
赤城大沼	群 馬		36°33′	139°11′	1,345	0.88	8.0	4.4	1.5	0.7	16.5	9.1	1.32
多々良沼	群 馬		36°15′	139°30′	22	0.83	―	5.8	1.2	0.5	7.4	―	1.80
菅沼	群 馬		36°50′	139°22′	1,731	0.77	29	6.5	3.0	0.5	75.0	37.7	2.09
ジュンサイ沼	北海道		41°59′	140°38′	155	0.73	3.3	5.9	1.5	1.2	5.4	4.5	1.95
霧島御池*	宮 崎	142	31°53′	130°58′	305	0.72	42	3.9	1.1	1.0	93.5	58.3	1.30
邑知潟	石 川		36°55′	136°49′	1	0.69	2.8	7.5	5.3	1.7	8.0	4.1	2.55
油ヶ淵¶	愛 知		34°54′	137°01′	0	0.64	2.0	6.3	2.5	1.0	4.3	3.1	2.22
蘭牟田池*	鹿児島		31°49′	130°28′	296	0.63	0.5	3.0	1.1	0.8	2.7	0.8	1.07
内海	鹿児島		28°17′	129°27′	0	0.60	4.2	4.4	1.0	0.8	8.0	7.0	1.60
城沼	群 馬		36°14′	139°33′	17	0.58	0.5	5.4	2.5	0.2	1.6	0.9	2.00
精進湖*	山 梨	98	35°29′	138°37′	901	0.51	3.6	6.4	1.4	0.6	15.2	7.1	2.53
海鼠池¶	鹿児島	150	31°52′	129°52′	0	0.50	4.7	6.5	2.5	0.5	26.4	9.4	2.59
白石湖¶	三 重		34°07′	136°15′	0	0.50	―	3.8	1.7	0.6	9.8	―	1.52
久種湖	北海道		45°26′	141°02′	5	0.49	1.7	3.0	1.5	0.6	5.2	3.5	1.21
雄国沼	福 島		37°37′	140°00′	1,089	0.48	―	4.0	1.3	0.6	8.0	―	1.63

湖沼名	都道府県	本文頁	緯度(N)	経度(E)	湖面標高(m)	面積(km²)	容積×10⁶(m³)	湖岸線延長(km)	長軸(km)	最大幅(km)	最大水深(m)	平均水深(m)	肢節量
丸沼	群馬		36°49′	139°21′	1,428	0.45	14	3.5	1.2	0.5	47.0	31.1	1.47
リャウシ湖	北海道		44°00′	144°10′	5	0.42	1.1	2.5	1.1	0.6	4.9	2.6	1.09
長節湖	北海道		43°15′	145°33′	5	0.41	1.1	4.0	1.5	0.7	7.1	2.7	1.76
大鳥池	山形		38°22′	139°50′	966	0.41	12	3.2	1.0	0.5	68.0	29.3	1.41
オコタンペ湖	北海道		42°48′	141°16′	599	0.40	1.8	3.8	1.0	0.7	7.0	4.5	1.69
春採湖¶	北海道		42°58′	144°24′	5	0.37	1.3	4.2	2.0	0.5	9.0	3.5	1.95
離湖¶	京都		35°41′	135°03′	5	0.36	1.2	3.6	1.5	0.5	6.8	3.3	1.69
曽原湖	福島	70	37°41′	140°04′	830	0.35	1.8	3.5	1.5	0.4	12.0	5.1	1.67
大池	新潟		37°11′	138°22′	25	0.34	1.7	4.8	1.5	0.6	6.8	5.0	2.32
日光湯ノ湖	栃木	82	36°48′	139°25′	1,475	0.32	1.7	3.0	0.9	0.5	12.5	5.3	1.50
ポロト湖	北海道		42°34′	141°22′	8	0.32	2.6	2.8	1.2	0.5	8.6	8.1	1.40
大池¶	沖縄		25°51′	131°15′	1	0.31	0.2	5.5	1.2	0.6	1.3	0.6	2.79
茨散沼	北海道		43°25′	145°15′	7	0.30	1.5	3.2	1.5	0.4	10.0	5.0	1.65
ペンケトー	北海道		43°27′	144°13′	520	0.30	4.2	3.9	1.5	0.9	39.4	14.0	2.01
一ノ目潟*	秋田	62	39°57′	139°44′	87	0.26	4.7	2.0	0.7	0.5	42.0	18.1	1.11
大浪池*	鹿児島	142	31°55′	130°51′	1,241	0.25	2.0	1.9	0.7	0.6	11.6	8.0	1.07
一碧湖*	静岡		34°56′	139°07′	185	0.23	0.5	3.7	0.8	0.4	7.0	2.2	2.18
オンネトー	北海道		43°23′	143°58′	623	0.23	0.6	2.5	1.0	0.4	9.8	2.6	1.47
大沼池	長野		36°42′	138°31′	1,694	0.23	3.0	2.6	0.8	0.4	26.2	13.0	1.53
大沼	青森		41°19′	141°25′	7	0.21	―	3.7	1.5	0.3	5.8	―	2.28
北竜湖	長野		36°54′	138°25′	500	0.19	0.9	2.0	0.9	0.4	8.0	4.7	1.29
大尻沼	群馬		36°49′	139°21′	1,406	0.19	2.5	2.6	1.0	0.4	25.0	13.2	1.68
海老ヶ池¶	徳島		33°37′	134°23′	0	0.18	0.4	3.3	1.5	0.4	5.5	2.2	2.19
鍬崎池¶	鹿児島	150	31°51′	129°53′	0	0.18	0.6	1.9	0.7	0.3	5.9	3.3	1.26
多鯰ヶ池	鳥取		35°32′	134°14′	16	0.18	1.3	3.1	0.8	0.5	14.0	7.2	2.06
六観音御池*	宮崎	142	31°57′	130°51′	1,198	0.17	1.6	1.5	0.5	0.4	14.7	9.4	1.03
琵琶池*	長野		36°43′	138°29′	1,388	0.17	1.6	2.3	0.8	0.3	27.9	9.4	1.57
西ノ湖	栃木		36°45′	139°24′	1,035	0.17	―	1.8	0.6	0.4	17.1	―	1.23
近藤沼	群馬		36°13′	139°30′	17	0.17	―	2.7	1.2	0.3	12.0	―	1.85
沼池*	長野		36°52′	138°18′	875	0.16	0.5	2.3	0.7	0.3	5.8	3.1	1.62
桁倉沼*	秋田		39°00′	140°38′	548	0.16	0.7	2.3	0.8	0.7	8.1	4.4	1.62
貝池¶	鹿児島	150	31°51′	129°53′	0	0.16	0.8	2.7	0.7	0.4	11.6	5.0	1.90
小池	新潟		37°11′	138°22′	3	0.16	0.8	3.7	1.3	0.2	7.0	5.0	2.61
長峰ノ池	新潟		37°15′	138°22′	8	0.15	0.4	2.1	0.9	0.2	5.9	2.7	1.53
毘沙門沼	福島	70	37°39′	140°05′	770	0.15	0.5	2.8	0.8	0.4	13.0	3.3	2.04
大平沼	福島		37°45′	139°51′	458	0.15	2.0	2.5	0.8	0.2	35.5	13.3	1.82
柴山沼	埼玉		36°02′	139°37′	10	0.15	―	2.1	1.5	0.2	4.8	―	1.53

付表　日本のおもな湖の位置と湖盆形態

湖沼名	都道府県	本文頁	緯度(N)	経度(E)	湖面標高(m)	面積(km²)	容積×10⁶(m³)	湖岸線延長(km)	長軸(km)	最大幅(km)	最大水深(m)	平均水深(m)	肢節量
中綱湖	長野	108	36°36′	137°51′	812	0.14	0.8	1.5	0.7	0.3	12.0	5.7	1.13
蟠竜湖	島根		34°41′	131°48′	17	0.13	0.7	5.7	0.9	0.4	9.0	5.4	4.46
川原大池	長崎		32°37′	129°50′	2	0.13	0.7	2.1	0.6	0.4	9.0	5.4	1.64
荒沼	山形		38°14′	140°12′	680	0.13	0.7	1.7	0.5	0.2	9.5	5.4	1.33
三ノ目潟*	秋田	62	39°57′	139°43′	45	0.13	2.0	1.3	0.4	0.4	31.0	15.4	1.02
住吉池*	鹿児島		31°46′	130°35′	38	0.13	3.0	1.4	0.5	0.5	31.5	23.1	1.10
蛇池	島根		35°18′	132°39′	10	0.13	—	2.3	0.6	0.6	10.0		1.80
松原湖(猪名湖)*	長野	116	36°03′	138°27′	1,123	0.12	0.6	2.0	0.5	0.4	7.7	5.0	1.63
玉虫沼*	山形		38°16′	140°13′	450	0.12	0.7	1.7	0.5	0.3	9.0	5.8	1.38
潟沼*	宮城		38°44′	140°43′	308	0.11	0.3	1.2	0.4	0.3	16.2	2.7	1.02
シュンクシタカラ湖	北海道		43°15′	143°59′	445	0.11	1.0	1.8	—	—	27.0	9.1	1.53
武周ヶ池	福井		36°01′	136°01′	270	0.11	1.2	3.6	0.9	0.2	21.0	10.9	3.06
沼山大沼	山形		38°25′	140°06′	410	0.10	1.1	2.0	0.5	0.3	31.7	11.0	1.78
坊ヶ池	新潟		37°02′	138°22′	460	0.10	1.5	1.4	0.7	0.4	33.1	15.0	1.25
大正池	長野	114	36°14′	137°37′	1,490	0.10	0.2	2.3	1.5	0.2	3.4	2.0	2.05
大幡池*	宮崎	142	31°56′	130°54′	1,250	0.10	—	1.5	0.4	0.4	13.8	—	1.34
羽竜沼*	山形		38°11′	140°22′	650	0.09	0.2	1.6	0.7	0.3	6.0	2.2	1.51
風吹大池*	長野	116	36°49′	137°50′	1,778	0.09	0.2	1.5	0.6	0.2	5.5	2.2	1.41
大池	青森		40°32′	139°58′	232	0.09	1.1	1.5	0.6	0.4	27.3	12.2	1.41
蔵王御釜*	宮城	68	38°08′	140°27′	1,570	0.09	1.4	1.1	0.4	0.3	27.1	15.6	1.03
女沼*	福島		37°42′	140°19′	530	0.08	0.2	1.2	0.4	0.3	8.7	2.5	1.20
二ノ目潟*	秋田	62	39°57′	139°44′	40	0.08	0.4	1.1	0.4	0.4	10.5	5.0	1.10
大路池(山澪)*	東京		34°03′	139°32′	3	0.08	0.5	1.3	0.4	0.3	9.3	6.3	1.30
田蝶沼*	秋田		39°01′	140°37′	545	0.07	0.1	1.1	0.6	0.4	20.7	1.4	1.17
苔沼	山形		38°14′	140°12′	640	0.07	0.3	1.4	0.4	0.3	5.5	4.3	1.49
橘湖*	北海道		42°31′	141°08′	400	0.07	0.4	1.2	0.3	0.3	13.8	5.7	1.28
柳久保池	長野		36°34′	137°57′	630	0.07	1.3	2.2	0.8	0.2	38.0	18.6	2.35
長沼	青森		41°20′	141°25′	18	0.07	—	2.4	1.1	0.3	8.4	—	2.56
高須賀沼	埼玉		36°06′	139°43′	16	0.06	0.2	1.0	0.3	0.2	9.6	3.3	1.15
鍋越沼*	山形		38°36′	140°33′	440	0.06	0.4	1.7	0.5	0.2	19.2	6.7	1.96
白馬大池*	長野	116	36°47′	137°48′	2,379	0.06	0.4	1.4	0.4	0.2	13.5	6.7	1.61
半田沼	福島		37°53′	140°30′	419	0.06	0.5	1.3	0.4	0.4	23.2	8.3	1.50
刈込湖*	栃木		36°49′	139°26′	1,610	0.06	0.6	1.1	0.6	0.3	15.2	10.0	1.27
蔦沼	青森		40°36′	140°57′	475	0.06	0.6	1.1	0.4	0.2	15.7	10.0	1.27
湯釜	群馬	94	36°38′	138°32′	2,033	0.06	0.8	0.9	0.2	0.2	30.0	13.3	1.04

文　　献

第Ⅰ部

第1章　湖の世界

新井　正（2004）：地域分析のための熱・水収支水文学．古今書院，309p.

上野益三（1977）：陸水学史．培風館，367p.

遠藤修一（2003）：びわ湖の環境モニタリングと水環境教育．日本陸水学会第68回大会講演要旨集，S05.

遠藤修一（2006）：地球の温暖化がびわ湖に影響を与えていることをご存知ですか？　フォーラム通信，**16**，pp.1-2.

沖野外輝夫（2011）：日本の陸水学史．川と湖を見る・知る・探る―陸水学入門―（村上哲生・花里孝幸・吉岡崇仁・森　和紀・小倉紀雄〔監修〕），地人書館，pp.133-167.

熊谷道夫・石川加奈子・焦　春萌・青田容明（2006）：琵琶湖の深刻な問題．世界の湖沼と地球環境（熊谷道夫・石川加奈子〔編〕），古今書院，pp.21-32.

西條八束・阪口　豊（1980）：日本の湖．日本の自然（阪口　豊〔編〕），岩波書店，pp.231-241.

佐藤芳徳（1983）：中禅寺湖における湖水の混合とトリチウム収支．地理学評論，**56**(10)，pp.667-678.

佐藤芳徳・森　和紀・塚田公彦・榧根　勇（1984）：トリチウム濃度でみた池田湖の鉛直混合の検討．地理学評論，**57A**(2)，pp.122-129.

滋賀県琵琶湖研究所〔編〕(1988)：琵琶湖研究―集水域から湖水まで―．滋賀県琵琶湖研究所5周年記念誌，383p.

土　隆一（2007）：富士山の地下水・湧水．富士火山（荒牧重雄・藤井敏嗣・中田節也・宮地直道〔編〕），山梨県環境科学研究所，pp.375-387.

堀江正治〔編〕(1988)：琵琶湖底深層1400mに秘められた変遷の歴史．同朋舎出版，284p.

丸井敦尚・安原正也・河野　忠・佐藤芳徳・垣内正久・檜山哲哉（1995）：富士山北麓西湖の水質と湖底湧水．ハイドロロジー（日本水文科学会誌），**25**(1)，pp.1-12.

溝尾良隆・大隅　昇（1983）：景観評価に関する地理学的研究―わが国の湖沼を事例として―．人文地理，**35**(1)，pp.40-56.

森　和紀（1982a），陸水の循環・陸水の流動．風土の科学Ⅰ―自然環境に関する30章―（水山高幸・中山正民・太田陽子・水越允治・平山光衞〔編〕），創造社，pp.216-234.

森　和紀（1982b）：人工的に汽水化された湖沼群―三方五湖―．地理，**27**(5)，pp.64-70.

森　和紀（1989）：日本の湖―特色と最近の話題―．地理月報，5，pp.1-3.

森　和紀（1993）：水循環研究と自然地理学―研究手法の有効性について―．地理学評論，**66A**(12)，pp.771-777.

森　和紀（2007）：地球温暖化からみた水文環境の変化．地学雑誌，**116**(1)，pp.52-61.

森田浩介・新井　正（2002）：池田湖の不完全循環．日本陸水学会第67回大会講演要旨集，p.275.

山室真澄（2006a）：吉村信吉〔編〕「日本湖沼学文献目録Ⅰ」再掲載に寄せて（1）．陸水学雑誌，**67**(1)，pp.37-41.

山室真澄（2006b）：吉村信吉〔編〕「日本湖沼学文献目録Ⅰ」再掲載に寄せて（2）．陸水学雑誌，**67**(2)，pp.135-152.

山室真澄（2007）：吉村信吉〔編〕「日本湖沼学文献目録Ⅰ」再掲載に寄せて（3）．陸水学雑誌，**68**(2)，pp.269-314.

山本荘毅・高橋　裕（1987）：図説水文学〈水文学講座2〉．共立出版，221p.

渡部雅浩（2014）：近年の地球温暖化の停滞．日本地球惑星科学連合ニュースレター，**10**(3)，pp.9-11.

Forbes, S. A. (1887): The lake as a microcosm. *Bull. Sci. Assoc.*, Peoria, Illinois, pp.77-87.

Horie, S. [Ed.] (1991): "*Die Geschichite des Biwa-See in Japan: seine Entwicklung, dargestellt anhand*

eines 1400 m langen Tiefbohrkerns", Universitätsverlag Wagner, 346p.
Likens, G. E. and Hasler, A. D. (1962): Movements of radiosodium (^{24}Na) within an ice-covered lake. *Limnol. Oceanogr.*, **7**(1), pp. 48-56.
Mori, K. (1978): A mean residence time of the deep water of two meromictic lakes in Japan. *Rept. Environ. Sci.*, Mie Univ., 3, pp. 133-142.

第2章 湖の自然

秋葉義彦・永嶋　薫・堀内清司（2000）：湖の分光吸収特性と溶存成分の関連について―岩手県松尾五色沼を例に―．日本水文科学会誌，**30**(3)，pp. 101-110．

新井　正（1964）：湖沼の熱的性質と湖沼のスケールとの関係．地理学評論，**37**(3)，pp. 131-137．

新井　正・森　和紀（1972）：湯ノ湖の水収支・熱収支について（第2報）．調和型湖沼の生物群集の生産力に関する研究，pp. 121-129．

新井　正（2007）：風土としての日本の水―自然地理の視点から―．地学雑誌，**116**(1)，pp. 7-22．

遠藤修一・岡本　巖・中井　衛（1981）：びわ湖北湖の環流について（Ⅰ）―水温分布からみた環流の変動―．陸水学雑誌，**42**(3)，pp. 144-153．

遠藤修一・岡本　巖・川嶋宗継・鈴木紀雄・北村静一・板倉安正・寺田知巳・加藤正代（1989）：びわ湖の種々の界面部における物質動態に関する物理，化学，生物学的研究（1）．滋賀大学教育学部紀要（自然科学・教育科学），**39**，pp. 29-49．

大八木英夫（2005）：涌池における湖水の理化学的特性とその形成機構．日本水文科学会誌，**35**(2)，pp. 65-80．

大八木英夫・濱田浩美（2010）：本栖湖における水温および電気伝導度の季節変化について．日本大学文理学部自然科学研究所研究紀要，**45**，pp. 289-299．

岡本　巖（1968）：びわ湖における水温の変動（Ⅱ）：湖流の変動に伴う水温分布の変動．滋賀大学教育学部紀要（自然科学），**18**，pp. 53-64．

岡本　巖（1992）：びわ湖調査ノートーびわ湖とともに30年の記録―．人文書院，235p．

沖野外輝夫（2002）：湖沼の生態学〈新・生態学への招待〉．共立出版，194p．

建設省国土地理院〔監修〕（1991）：日本の湖沼アトラス，（財）日本地図センター，68p．

国立天文台〔編〕（2013）：理科年表　平成26年，丸善．

小林正雄（2001）：湖水と地下水の相互作用〈地下水と地表水・海水との相互作用3〉．日本地下水学会誌，**43**(2)，pp. 101-112．

駒村正治・中村好男・桝田信彌（2000）：土と水と植物の環境．理工図書，157p．

西條八束（1992）：小宇宙としての湖〈科学全書45〉．大月書店，197p．

佐竹研一（1984）：酸性湖の特色．月刊地球，**62**，pp. 475-482．

佐藤芳徳・森　和紀・塚田公彦・榧根　勇（1984）：トリチウム濃度でみた池田湖の鉛直混合の検討．地理学評論，**57A**(2)，pp. 122-129．

佐藤芳徳（2007）：湖水の循環と混合．日本水文科学会誌，**37**(4)，pp. 201-208．

中尾欣四郎・大槻　栄・田上龍一・成瀬廉二（1967）：閉塞湖からの分水界漏出．北海道大学地球物理学研究報告，**17**，pp. 47-64．

中尾欣司郎（1987）：池田湖水位の経年変動に関する水収支的考察．北海道大学地球物理学研究報告，**49**，pp. 131-137．

日本陸水学会〔編〕（2006）：陸水の事典．講談社，578p．

藤　則雄（1988）：1400メートルコアの花粉分析に基づく古植生・古気候．琵琶湖底深層1400mに秘められた変遷の歴史（堀江正治〔編〕），同朋舎出版，pp. 213-222．

堀内清司（1959）：日本の湖の水温成層の湖沼学的研究．地理学評論，**32**(7)，pp. 374-384．

堀内清司（1968）：湖沼．陸水〈地球科学講座9〉（山本荘毅〔編〕），共立出版，pp. 181-259．

堀内清司・田場　穣・森　和紀（1973）：湯ノ湖の水文学的特性について（第2報）．調和型湖沼の生物群集の生産力に関する研究（2），pp. 68-72．

村上哲生・花里孝幸・吉岡崇仁・森　和紀・小倉紀雄〔監修〕（2011）：川と湖を見る・知る・探る―陸

水学入門ー（日本陸水学会〔編〕），地人書館，193p.

森　和紀（1975a）：溶存物質濃度の変動からみた水月湖における湖水の滞留時間．地理学評論，**48**(1)，pp. 63-71.

森　和紀（1975b）：汽水湖の水文環境とその変動性．月刊水，**17**(11)，pp. 31-39.

森　和紀（1978）：湖水の循環ー部分循環湖水月湖と新澪の場合ー．日本の水収支（市川正巳・榧根　勇〔編〕），古今書院，pp. 69-76.

森　和紀（1980）：海水交流に伴う水月湖の塩素量変化．ハイドロロジー，**10**，pp. 40-46.

森　和紀（1981）：塩湖の水質と循環．部分循環水域の維持機構と物質代謝（2），pp. 235-239.

森　和紀（1982）：人工的に汽水化された湖沼群ー三方五湖ー．地理，**27**(5)，pp. 64-70.

森　和紀（1989）：日本の湖ー特色と最近の話題ー．地理月報，**5**，pp. 1-3.

森　和紀（1990）：湖沼の水収支・湖水の循環．水文学〈総観地理学講座8〉（市川正巳〔編〕），朝倉書店，pp. 120-130.

森　和紀・板寺一洋・榧根　勇・佐倉保夫・新見　治・田中　正・中井信之・Adnyana, M.・Jambe, A. A. G. N. A.・Pawitan, H.・Suprapta, D. N.・Winaya, P. D.（1990）：熱帯火山地域バリの水循環特性．ハイドロロジー（日本水文科学会誌），**20**(1)，pp. 45-52.

森　和紀（2002）：貯水池の築造と河川環境．地図情報，**22**(1)，pp. 20-23.

渡辺真木・堀内清司（2000）：部分循環湖・貝池における水温の季節変化．日本大学文理学部自然科学研究所研究紀要，**35**，pp. 125-130.

Anderson, E. R. and Pritchard, D. W. (1951): Physical limnology of Lake Mead. *U.S. Navy Electr. Labor.*, **258**, 153p.

Arai, T., Horiuchi, S. and Mori, K. (1975): Hydrology of the lake. "*Productivity of Communities in Japanese Inland Waters*" (Mori, S. and Yamamoto, G. [Eds.]), Univ. Tokyo Press, pp. 54-62.

Findenegg, I. (1935): Limnologische Untersuchungen im Kärntner Seengebiete, ein Beitrage zur Kenntnis des Stoffhaushaltes in Alpenseen. *Int. Rev. ges. Hydrobiol. Hydrogr.*, **32**, pp. 369-423.

Horie, S. [Ed.] (1991): "*Die Geschichite des Biwa-See in Japan: seine Entwicklung, dargestellt anhand eines 1400m langen Tiefbohrkerns,*" Universitätsverlag Wagner, 346p.

Horie, S. (2002): "*Vergletscherungen in japanischen Gebirgen und ihr Einfluss auf die Entwicklung des Biwa-Sees*", Universitätsverlag Wagner, 375p.

International Association of Limnology (1959): The Venice System for the classification of marine waters according to salinity. *Arch. Oceanogr. Limnol.*, **11** (Suppl.).

Matsuyama, M. (1974): Vertical distributions of some chemical substances in surface sediments of a meromictic Lake Suigetsu. *Jour. Oceanogr. Soc. Jpn.*, **30** (5), pp. 209-215.

Mori, K. (1976): Some limnological features of Lake Suigetsu, a typical meromictic lake in Japan. *Rept. Environ. Sci.*, Mie Univ., **1**, pp. 161-170.

Mori, K. (1977): Some characteristics of the temperature and the circulation of water of the Sagami Reservoir, Kanagawa Prefecture. *Bull. Fac. Educ.*, Mie Univ., **28**, pp. 45-54.

Mori, K. and Horie, S. (1980): A preliminary report on the paleolimnology of Lake Mikata. "*Paleolimnology of Lake Biwa and the Japanese Pleistocene,*" **8**, pp. 279-288.

Mori, K., Shimada, J., Nakai, N. and Jambe, A. A. G. N. A. (1992): Physicochemical properties of caldera lakes in Bali. "*Water Cycle and Water Use in Bali Island*" (Kayane, I. [Ed.]), pp. 129-136.

Watanabe, M., Horiuchi, S. and Ambe, Y. (2000): Sudden changes of thermal stratification in a meromictic lake, Lake Kaiike, Japan. *Verh. Int. Verein. Limnol.*, **27**(1), pp. 261-264.

Wernand, M. R. and van der Woerd, H. J. (2010): Spectral analysis of the Forel-Ule ocean colour comparator scale. *Jour. Europ. Opt. Soc.*, Rapid Publ., **5**, pp. 10014S/1-10014S/7.

第 II 部

第 II 部全般

落合照雄（1984）：信州の湖沼，信濃教育会出版部．
環境庁自然保護局〔編〕（1995）：日本の湖沼環境 II，（財）自然環境研究センター．
建設省国土地理院〔監修〕（1991）：日本の湖沼アトラス，（財）日本地図センター．
桜井善雄・渡辺義人（1974）：信州の陸水　第 1 号，環境科学研究会．
Yoshimura, S. (1938)：Dissolved oxygen of the lake waters of Japan. *Sci. Rep. Tokyo Univ. Lit. Sci., Sec. C*, **2**(8), pp. 63-277.

第 1 章　北海道

朝日新聞北海道支社報道部〔編〕（1987）：北海道自然［100 選］紀行，北海道大学図書刊行会，420p．
今西錦司・井上　靖〔監修〕（1987）：日本の湖沼と渓谷 1　北海道 I　摩周・サロマ湖と日高の渓谷，ぎょうせい，175p．
今西錦司・井上　靖〔監修〕（1987）：日本の湖沼と渓谷 2　北海道 II　支笏・洞爺湖と層雲峡，ぎょうせい，175p．
片岡秀郎（1996）：阿寒国立公園を歩く，コモンサイエンス・インスティチュート，189p．
環境庁（1993）：第 4 回自然環境保全基礎調査　湖沼調査報告書　北海道版，636p．
自然公園財団（2002）：パークガイド　川湯（摩周湖・硫黄山・屈斜路湖），（財）自然公園財団，48p．
自然公園財団（2008）：パークガイド　登別・洞爺湖，（財）自然公園財団，48p．
自然公園財団（2008）：パークガイド　支笏湖，（財）自然公園財団，48p．
自然公園財団（2009）：パークガイド　大沼，（財）自然公園財団，48p．
自然公園財団（2010）：パークガイド　阿寒・摩周，（財）自然公園財団，64p．
高村典子〔編〕（2000）：湖沼環境の変遷と保全に向けた展望．国立環境研究所報告，153，249p．
日本水環境学会〔編〕（2001）：日本の水環境 1　北海道編，技報堂出版，258p．
北海道環境科学研究センター（2005）：北海道の湖沼　改訂版，314p．
北海道公害防止研究所（1990）：北海道の湖沼，445p．
堀江正治（1964）：日本の湖，日本経済新聞社，226p．

第 2 章　東北

猪苗代盆地団体研究グループ〔編〕（1988）：磐梯火山と湖の生いたち，文化書房博文社，164p．
今西錦司・井上　靖〔監修〕（1987）：日本の湖沼と渓谷 3　東北 1　十和田・田沢湖と久慈渓谷，ぎょうせい，175p．
今西錦司・井上　靖〔監修〕（1987）：日本の湖沼と渓谷 4　東北 2　猪苗代湖と鳴子峡・最上峡，ぎょうせい，175p．
環境庁（1993）：第 4 回自然環境保全基礎調査　湖沼調査報告書　東北版 I（青森県・秋田県・山形県）．
環境庁（1993）：第 4 回自然環境保全基礎調査　湖沼調査報告書　東北版 II（岩手県・宮城県・福島県）．
小桧山六郎（1993）：猪苗代湖，歴史春秋出版，62p．
自然公園財団（2006）：パークガイド　十和田湖，（財）自然公園財団，48p．
鈴木敬治（1987）：猪苗代盆地の形成．アーバンクボタ，**26**，pp. 20-23．
千葉　茂（1988）：猪苗代湖・裏磐梯湖沼群の水質．地学雑誌（地学雑誌特別号（磐梯山・猪苗代の地学）編集委員会〔編〕），**97-4**(**891**)，pp. 376-381．
徳井利信〔編〕（1984）：十和田湖漁業史，徳井淡水漁業生物研究所，233p．
富田國男〔編〕（1994）：裏磐梯自然ハンドブック，自由国民社，190p．
日本水環境学会〔編〕（2000）：日本の水環境 2　東北編，技報堂出版，232p．
星　亮一（1975）：猪苗代湖－風土と心－，ふくしま文庫 14，不二出版，210p．
堀江正治（1964）：再掲．

第 3 章　関東

茨城大学農学部霞ヶ浦研究会〔編〕（1977）：霞ヶ浦，三共出版，203p.

環境庁（1993）：第 4 回自然環境保全基礎調査　湖沼調査報告書　関東版（茨城県・栃木県・群馬県・埼玉県・千葉県・東京都・神奈川県）．

久保猛志・磯辺行久（1983）：首都圏の湖沼水系における環境利用の可能性，リジオナル・プラニング，158p.

国立公害研究所水質土壌環境部水質環境計画研究室（1984）：中禅寺湖の富栄養化現象に関する基礎的研究．国立公害研究所研究報告，69, 143p.

五味禮夫（1971）：自然とともに，煥呼堂，287p.

五味禮夫（1980）：群馬の湖沼，上毛新聞社，305p.

佐竹研一（1984）：酸性湖の特色．月刊地球，62, pp.475-482.

佐藤芳徳（1983）：中禅寺湖における湖水の混合とトリチウム収支．地理学評論，56(10), pp.667-678.

佐藤芳徳（1988）：榛名湖，赤城大沼および小沼の水文特性．上越教育大学研究紀要，7(2), pp.135-144.

佐藤芳徳（1989）：湖の水収支．気象研究ノート，167, pp.159-167.

佐藤芳徳（2007）：湖水の循環と混合．日本水文科学会誌，37(4), pp.201-208.

下谷昌幸（1985）：白根火山，上毛新聞社，214p.

高村典子〔編〕（2000）：再掲．

日本火山学会〔編〕（1973）：箱根火山，箱根町，185p.

日本水環境学会〔編〕（2000）：日本の水環境 3　関東・甲信越編，技報堂出版，265p.

福島武彦（1984）：浅い湖沼の水質変化特性と水質管理方法に関する研究，164p.

堀江正治（1964）：再掲．

読売新聞水戸支局〔編〕（1989）：霞ヶ浦，筑波書林，160p.

第 4 章　甲信越・東海・北陸

赤尾秀雄〔編著〕（1987）：長野県の湖沼，新井大正堂，183p.

赤羽貞幸（1996）：野尻湖の生いたちとその変遷．アーバンクボタ，35, pp.6-19.

池谷仙之（1993）：浜名湖．アーバンクボタ，32, pp.48-55.

今西錦司・井上　靖〔監修〕（1987）：日本の湖沼と渓谷 6　長野　諏訪湖・上高地とアルプスの渓谷，ぎょうせい，175p.

今西錦司・井上　靖〔監修〕（1987）：日本の湖沼と渓谷 7　富士・箱根・伊豆　富士五湖・芦ノ湖と天城渓谷，ぎょうせい，175p.

今西錦司・井上　靖〔監修〕（1987）：日本の湖沼と渓谷 8　北陸・越後　三方五湖と白山・黒部の渓谷，ぎょうせい，175p.

今西錦司・井上　靖〔監修〕（1987）：日本の湖沼と渓谷 9　東海　浜名湖と恵那峡・日本ライン，ぎょうせい，175p.

植村　武・山田哲雄〔編〕（1988）：日本の地質 4　中部地方Ⅰ，共立出版，332p.

大塚　大（1986）：北アルプスの湖沼，山と渓谷社，196p.

大町市史編纂委員会〔編〕（1984）：自然環境第 3 編　陸水．大町市史，第 1 巻，pp.477-538.

沖野外輝夫（1990）：諏訪湖－ミクロコスモスの生物－，八坂書房，204p.

環境庁（1993）：第 4 回自然環境保全基礎調査　湖沼調査報告書　北陸・甲信越版（新潟県・富山県・石川県・福井県・山梨県・長野県）．

環境庁（1993）：第 4 回自然環境保全基礎調査　湖沼調査報告書　東海・近畿版（岐阜県・静岡県・愛知県・三重県・滋賀県・京都府・兵庫県）．

窪田文明（1997）：信州の湖紀行，郷土出版社，159p.

熊井久雄（1997）：諏訪湖の生い立ち．アーバンクボタ，36, pp.2-11.

桜井善雄・渡辺義人（1974）：信州の陸水　第 1 号，環境科学研究会，193p.

諏訪　彰〔編〕（1992）：富士山－その自然のすべて－，同文書院，355p.

高村典子〔編〕（2000）：再掲．
長野県建設技術センター〔編〕（1998）：諏訪湖　治水の歴史，長野県諏訪建設事務所，263p.
新潟県立新井高等学校（1960）：野尻湖の自然と環境，築地書館，349p.
日本水環境学会〔編〕（1999）：日本の水環境4　東海・北陸編，技報堂出版，239p.
濱野一彦（1988）：富士山—地質と変貌—，鹿島出版会，217p.
堀江正治（1964）：再掲．
読売新聞社〔編〕（1992）：富士山—大いなる自然の検証—，読売新聞社，325p.
渡辺義人（1997）：水質の変遷．アーバンクボタ，**36**，pp. 12-19.

第5章　近畿・中国・四国

今西錦司・井上　靖〔監修〕（1987）：日本の湖沼と渓谷10　近畿．琵琶湖と保津峡・瀞八丁，ぎょうせい，175p.
岩佐義朗〔編著〕（1990）：湖沼工学，山海堂，504p.
環境庁（1993）：第4回自然環境保全基礎調査　湖沼調査報告書　中国・四国・九州・沖縄版（鳥取県・島根県・山口県・徳島県・長崎県・熊本県・大分県・宮崎県・鹿児島県・沖縄県）．
滋賀大学湖沼研究所〔編〕（1974）：びわ湖Ⅰ　自然をさぐる，三共出版，208p.
高村典子〔編〕（2000）：再掲．
日本水環境学会〔編〕（2000）：日本の水環境5　近畿編，技報堂出版，267p.
堀江正治（1964）：再掲．

第6章　九州

今西錦司・井上　靖〔監修〕（1987）：日本の湖沼と渓谷12　九州・沖縄　霧島火山湖と耶馬溪・高千穂峡，ぎょうせい，175p.
環境庁（1993）：再掲．
「汽水域の科学」講師グループ（2001）：汽水域の科学—中海・宍道湖を例として—，たたら書房，183p.
佐藤芳徳・森　和紀・塚田公彦・榧根　勇（1984）：トリチウム濃度でみた池田湖の鉛直混合の検討．地理学評論，57A(2)，pp. 122-129.
高村典子〔編〕（2000）：再掲．
徳岡隆夫・大西郁夫・高安克己（1986）：湖底を探る—宍道湖のおいたち—，たたら書房，32p.
堀江正治（1964）：再掲．
Satoh, Y. (1986): A Study on thermal regime of Lake Ikeda. Science reports of the Institute of Geoscience, Univ. of Tsukuba, A, 7, pp. 55-93.

付　表

環境庁自然保護局〔編〕（1995）：日本の湖沼環境Ⅱ，（財）自然環境研究センター．
国立天文台〔編〕（2013）：理科年表　平成26年，丸善．
田中正明（2004）：日本湖沼誌Ⅱ，名古屋大学出版会．
日本陸水学会〔編〕（2006）：陸水の事典，講談社．
Horie, S. (1962): Morphometric features and the classification of all the lakes in Japan. *Mem. Coll. Sci., Univ. Kyoto, Ser. B*, **29**(3), pp. 191-262.

著者略歴

森　和紀（もり　かずき）
- 1945年　中国江蘇省に生まれる
- 1974年　東京教育大学大学院理学研究科博士課程中退
- 現　在　日本大学文理学部上席研究員
　　　　　三重大学名誉教授
　　　　　理学博士

佐藤芳德（さとう　よしのり）
- 1952年　群馬県に生まれる
- 1981年　筑波大学大学院地球科学研究科博士課程中退
　　　　　上越教育大学学校教育学部教授
　　　　　・学長を経て
- 現　在　上越教育大学名誉教授
　　　　　理学博士

図説 日本の湖

定価はカバーに表示

2015年3月25日　初版第1刷
2018年9月25日　　　第2刷

著　者　森　　　和　紀
　　　　佐　藤　芳　德
発行者　朝　倉　誠　造
発行所　株式会社　朝　倉　書　店

東京都新宿区新小川町 6-29
郵便番号　162-8707
電　話　03(3260)0141
Ｆ Ａ Ｘ　03(3260)0180
http://www.asakura.co.jp

〈検印省略〉

© 2015〈無断複写・転載を禁ず〉

印刷・製本 東国文化

ISBN 978-4-254-16066-6　C 3044　Printed in Korea

JCOPY 〈(社)出版者著作権管理機構 委託出版物〉
本書の無断複写は著作権法上での例外を除き禁じられています．複写される場合は，そのつど事前に，(社)出版者著作権管理機構（電話 03-3513-6969, FAX 03-3513-6979, e-mail: info@jcopy.or.jp）の許諾を得てください．

立正大 吉﨑正憲・海洋研究開発機構 野田　彰他編

図説 地球環境の事典
〔DVD-ROM付〕

16059-8 C3544　　　B5判 392頁 本体14000円

変動する地球環境の理解に必要な基礎知識(144項目)を各項目見開き2頁のオールカラーで解説。巻末には数式を含む教科書的解説の「基礎論」を設け、また付録DVDには本文に含みきれない詳細な内容(写真・図、シミュレーション、動画など)を収録し、自習から教育現場までの幅広い活用に配慮したユニークなレファレンス。第一線で活躍する多数の研究者が参画して実現。〔内容〕古気候／グローバルな大気／ローカルな大気／大気化学／水循環／生態系／海洋／雪氷圏／地球温暖化

V.H.ヘイウッド編　前東大 大澤雅彦監訳

ヘイウッド 花の大百科事典（普及版）

17139-6 C3545　　　A4判 352頁 本体34000円

25万種にもおよぶ世界中の"花の咲く植物＝顕花植物／被子植物"の特徴を、約300の科別に美しいカラー図版と共に詳しく解説した情報満載の本。ガーデニング愛好家から植物学の研究者まで幅広い読者に向けたわかりやすい記載と科学的内容。〔内容〕【総論】顕花植物について／分類・体系／構造・形態／生態／利用／用語集【各科の解説内容】概要／分布(分布地図)／科の特徴／分類／経済的利用【収載した科の例】クルミ科／スイレン科／バラ科／ラフレシア科／アカネ科／ユリ科／他多数

前東大 大澤雅彦・屋久島環境文化財団 田川日出夫・京大 山極寿一編

世界遺産 屋久島
―亜熱帯の自然と生態系―

18025-1 C3040　　　B5判 288頁 本体9500円

わが国有数の世界自然遺産として貴重かつ優美な自然を有する屋久島の現状と魅力をヴィジュアルに活写。〔内容〕気象／地質／地形／植物相と植生／動物相と生態／暮らしと植生のかかわり／屋久島の利用と保全／屋久島の人、歴史、未来／他

◈ 世界自然環境大百科〈全11巻〉◈
大澤雅彦総監訳　地球の生命の姿を美しい写真で詳しく解説

前千葉大 大原　隆・自然環境研究センター 大塚柳太郎監訳
世界自然環境大百科1

生きている星・地球

18511-9 C3340　　　A4変判 436頁 本体28000円

地球の進化に伴う生物圏の歴史・働き(物質、エネルギー、組織化)、生物圏における人間の発展や関わりなどを多数のカラーの写真や図表で解説。本シリーズのテーマ全般にわたる基本となる記述が各地域へ誘う。ユネスコMAB計画の共同出版。

前東大 大澤雅彦・元筑波大 岩城英夫監訳
世界自然環境大百科3

サバンナ

18513-3 C3340　　　A4変判 500頁 本体28000円

ライオン・ゾウ・サイなどの野生動物の宝庫であるとともに環境の危機に直面するサバンナの姿を多数のカラー図版で紹介。さらに人類起源の地サバンナに住む多様な人々の暮らし、環境との関わり、環境問題、保護地域と生物圏保存を解説

前東大 大澤雅彦監訳
世界自然環境大百科6

亜熱帯・暖温帯多雨林

18516-4 C3340　　　A4変判 436頁 本体28000円

日本の気候にも近い世界の温帯多雨林地域のバイオーム、土壌などを紹介し、動植物の生活などをカラー図版で解説。そして世界各地における人間の定住、動植物資源の利用を管理や環境問題をからめながら保護区と生物圏保存地域までを詳述

前農工大 奥富　清監訳
世界自然環境大百科7

温帯落葉樹林

18517-1 C3340　　　A4変判 456頁 本体28000円

世界に分布する落葉樹林の温暖な環境、気候・植物・動物・河川や湖沼の生命などについてカラー図版を用いてくわしく解説。またヨーロッパ大陸の人類集団を中心に紹介しながら動植物との関わりや環境問題、生物圏保存地域などについて詳述

前信州大 柴田　治・前東大 大澤雅彦・前長崎大 伊藤秀三監訳
世界自然環境大百科9

北極・南極・高山・孤立系

18519-5 C3340　　　A4変判 512頁 本体28000円

極地のツンドラ、高山と島嶼(湖沼、洞窟を含む)の孤立系の三つの異なる編から構成されており、それぞれにおける自然環境、生物圏、人間の生活などについて多数のカラー図版で解説。さらに環境問題、生物圏保存地域についても詳しく記述

自然保護助成基金 有賀祐勝監訳
世界自然環境大百科10

海洋と海岸

18520-1 C3340　　　A4変判 564頁 本体28000円

外洋および海岸を含む海洋環境におけるさまざまな生態系(漂泳生物、海底の生物、海岸線の生物など)や人間とのかかわり、また沿岸部における人間の生活、保護区と生物圏保存地域などについて、多数のカラー写真・図表を用いて詳細に解説